KB061078

우리 아이 첫 영어

지금 시작합니다

영어 울렁증 엄마도
한 권으로 끝내는

우리아이 첫영어 지금 시작합니다

위즈덤하우스

Prologue

우리 아이 첫 영어, 어떻게 시작할까

"선생님, 첫 영어 언제 시작하는 게 좋나요?" "우리 아이 영어를 시작해야 할 것 같긴 한데 어떻게 해야 할지 모르겠어요." 강연을 하러 갈 때마다 빠놓지 않고 받는 질문입니다. 《10살 영어자립! 그 비밀의 30분》을 펴내고 강연을 통해 수천 명의 학부모를 만나고 있습니다. 강연장에서뿐 아니라 '네이버부모i' 방송에 출연했을 때도 시청자들이 가장 애타게 알고 싶어 했던 내용이 '아이 첫 영어'에 대한 것이었습니다.

질문하는 분들의 눈빛과 목소리에서 영어 잘하는 아이로 키우고 싶은 간절함과 더불어 아이 첫 영어를 시작하는 방법에 대한 니즈를 읽을 수 있었습니다. 이러한 엄마들의 열정에 구체적이고 확실한 답변을 드리고자 합니다.

무엇이든 처음이 제일 어렵습니다. 우리 아이 첫 영어, 무엇을 가지고, 어떤 방법으로, 어떻게 접근해야 할지 막막하실 겁니다. 영어 도서관을 운영하고 처음 영어를 시작하는 아이들을 실제로 가르치면서, 아이들 몸에 즐겁게 영어가 배게 하는 방법을 연구하고 있습니다. 오랜 경험과 실증을 통해 수많은 성공을 보았습니다.

《우리 아이 첫 영어, 지금 시작합니다》에 엄마와 아이가 함께 '마법'을 경험하게 하고픈 마음을 담았습니다. A, B, C도 모르던 아이가 그림으로 시작해 영어 책을 술술 읽게 되는 '마법 같은 경험'을 모든 엄마가 이루길 바랍니다.

그래서 아이 영어교육을 처음 시작하는 부모라면 누구나 '따라 할 수 있도록' 구체적이고 쉽게 썼습니다. 엄마들의 부담은 최소화하고, 아이는 즐기면서 '영어 읽기 자립'을 이룰 수 있도록 구성했습니다.

엄마가 영어 울렁증이 있다고요? 그런 건 걱정하지 않아도 됩니다. 책에 나온 자료를, 책에 게재된 순서대로, 책에서 설명하는 방법 그대로 이용하기만 하면 됩니다. 이론만 가득하고, "아이마다 달라요"라고 얘기하지 않습니다.

저 역시 두 아이를 키우는 워킹맘이라 엄마들의 마음을 충분히 이해하기에, 매우 구체적이고 바로 실천 가능한 방법들을 상세하게 소개했습니다. 추가 자료를 알아보는 수고도 필요 없습니다. 이 책 한 권이면 아이의 영어 읽기 자립이 이뤄집니다.

가장 많이 물어 보신 질문에 대한 답부터 드리겠습니다. 아이 첫 영어는 언제 시작하는 것이 좋을까요? 미국 프린스턴 대학의 연구에 따르면, 생후 24개월이 지난 아이에게 외국어를 노출시키면 아이가 외국어와 모국어를 구분하고 다르게 반응하므로, 외국어 교육을 해도 된다고 합니다. 아이가 거부하지 않는다면 세 살 아이에게 영어를 노출해도 괜찮다는 이야기지요.

아이 첫 영어는 우리말 말하기를 떼고 시작하면 무리가 없습니다. '우리말 말하기를 뗐다'는 것은 한글을 읽을 수 있다는 의미가 아니고, 아이 수준에 맞는 단어로 얘기했을 때 엄마 말을 대부분 이해하고 자기 마음을 90% 이상 우리말로 유창하게 말할 수 있다는 것입니다. 언어 발달이 빠른 아이들은 세 살 때도 그렇게 하더군요.

단, 필히 마음에 새겨 두고 지켜야 할 규칙이 있습니다. 영어를 언제 시작하든, 아이의 중심 언어는 '국어', 우리말이라는 것입니다. 영어 공부를 언제 시작하느냐가 문제가 아니라, 국어의 중요성을 잊지 않는 것이 중요합니다. 영어 책을 한 권 읽어 주었다면, 우리말 책은 두 권을 읽어 주어야 합니다.

이것은 아이가 《해리포터》 원서를 술술 읽게 되어도 마찬가지입니다. 우리말 책의 수준을 높여 가며, 영어 책보다 풍부하게 충분히 읽어야 합니다. 영어를 일찍 배워서 국어를 못하는 것이 아니라, 우리말 책을 안 읽어서 국어 실력이 딸리는 것입니다. 영어 공부는 우리말을 중심에 두고 진행해야 합니다. 모국어 실력이 외국어 실력입니다. 잊지 마세요!

자 그럼, 어떻게 하면 영어를 잘할 수 있을까요? 비법은 바로 '즐기는 것!'입니다. 아이 스스로 즐겨야 꾸준히 할 수 있고, 꾸준히 즐기기만 하면 영어는 못할 수가 없습니다. 천재 과학자는 있어도 천재 영어 구사자라는 말은 없습니다.

영어 공부를 시작하는 성인은 '즐겁게'라는 말을 접어 두는 것이 나을 수도 있습니다. 하지만 세 살 아이, 초등 1학년 아이에게는 처음부터 '즐거운 것'으로 다가서야 합니다. 막연히 즐기게 하는 것이 아니고, 즐기는 가운데 아이 본인도 모르게 영어가 차곡차곡 몸에 배도록 해야 합니다. 이 책에서 제시한 대로 따라 하며, 엄마가 가이드하면 누구나 그렇게 할 수 있습니다. 영어 실력이 늘면 어느 순간 아이가 깨닫게 되고, 스스로 성취감을 느끼며 즐기게 됩니다.

영어는 제2외국어를 넘어 '지구어'의 역할을 하고 있습니다. 전 세계 인구의 4분의 1이 사용할 뿐 아니라 인터넷 정보의 85%가 영어로 구성돼 있다고 합니다. 사용도의 중요성은 차치하고, 엄마들이 영어를 중요하게 생각하는 이유는 우리 아이가 좀 더 풍요롭게 문화를 즐겼으면 하는 바람 때문입니다.

자막 없이 영어 영화를 보고, 영어 농담에 웃고, 영문학을 원서로 읽고 작가의 생각을 직접 이해하고 느낄 수 있는 것. 한국 문학을 넘어 다양한 문화에서 온 작가들의 수많은 문학 작품을 직접 이해하고 즐길 수 있다는 것은 크나큰 기쁨입니다. 우리 엄마들의 로망이죠.

할 수 있습니다. 영어 첫 단추를 잘 끼우면 두 번째 단추부터는 눈 감고도 끼울 수 있죠. 자, 이제 우리 아이 첫 영어 지금 시작합니다!

2019년 12월

정인아

Contents

Guide

워킹맘도 부담 제로! 걸어 다니는 태블릿
베스트 추천도서마다 무료 동영상 수록!

처음 시작합니다. 무엇이든 꾸준히 하려면 엄마도 아이도 쉽고 재미있어야 합니다. 난생 처음 영어를 접하는 3세 아이들이 쉽게 영어를 만나야 합니다.

소개하는 모든 '베스트 추천도서'에 책을 읽어 주는 동영상을 수록했습니다. 한 장 한 장 넘기며 원어민이 읽어 주거나, 책을 처음부터 끝까지 노래로 들려줍니다. 140여 개의 동영상 QR코드를 삽입했으니 스마트폰으로 찍기만 하세요. 무료로 영상이 재생됩니다.

애니메이션으로 제작된 책은 책과 애니메이션을 함께 소개하였고, 아이들이 좋아할 만한 동요와 애니메이션 주제곡도 실었습니다. 수록된 모든 곡이 노래의 진행에 따라 자막으로 나오는 영어 가사의 색깔이 바뀝니다. 색이 바뀌는 것을 보며 따라 부르면 됩니다. 아이가 처음 만나는 영어. 노래로 쉽게 따라 부르고 즐기길 바랍니다.

에릭 칼의
한 줄짜리 책들

《The Very Hungry Caterpillar》

아마존 베스트셀러

워낙 유명한 책이라서 우리말 번역서도 많이 읽힌다. 1969년 출간된 이래 62개 국어로 번역되었고 50년이 지난 지금도 아마존 베스트셀러다. 전 세계에서 30초에 한 권씩 팔린다고 할 정도로 재미가 검증된 책이다. 알에서 깬 배고픈 애벌레가 일주일 동안 여러 가지 음식을 먹으며 나비가 되기까지의 모습을 투박하면서도 정교한 그림으로 보여 준다. 알에서 시작해 나비가 되는 과정을 자연스럽게 알게 되고 숫자 세는 법까지 덤으로 배우게 된다.

《From Head to Toe》

아마존 베스트셀러

《Brown Bear, Brown Bear, What Do You See?》

갈색 곰은 빨간 새를 보고, 빨간 새는 노란 오리를 보고 노란 오리는 파란 말을 본다. 형형색색의 동물들이 서로를 보며 페이지마다 동물들의 행진이 이어진다. 동물 그림과 색이 아이들에게 강렬한 인상을 주고, 반복해 읽음으로써 동물 이름과 색깔을 영어로 알게 된다. 동물 이름을 처음에 두 번 말해 주고, "What do you see?"가 반복된다.
이 문장을 일상생활에서 써보는 것도 좋다. 엄마가 "What do you see?" 물으면 아이는 우리말로 답하거나 손가락으로 가리킨다. 그리고 역할을 바꿔 아이가 묻고 엄마가 답한다. 이때 엄마는 단순한 영어로 답해도 된다. 놀이를 할 때 여러 단어를 한꺼번에 알려 주고 싶은 욕심은 버려야 한다. '영어로 말하는 것이 재미있다'라는 것을 알려 주자. "What do you see?"를 외우게 되는 것은 덤일 뿐이다.

500권의 단계별 추천도서 수록

단계별로 강력 추천도서를 수록했습니다. 재미, 단계별 어휘 수준, 책의 난이도, 작품성을 모두 고려하여 아이들이 좋아하고 영어 책 읽기에 도움이 되는 명작들만 선별하였습니다. 칼데콧상 수상작, 아마존 베스트셀러, 뉴욕타임스 베스트셀러 등은 따로 표기했습니다. 아이와 엄마가 몇 권이나 읽었는지 확인하고 성취감을 느낄 수 있도록 추천도서 목록에 '엄마 체크리스트' 칸을 삽입하였습니다. 체크해 가며 순서대로 모두 읽어 보세요!

그림으로 시작해서 읽기 자립까지!
따라만 하면 됩니다. 원스톱 솔루션!

처음 시작이 어려운 이유는 막막하기 때문이죠. 어떻게, 무엇을 가지고, 어떤 순서로 해야 하는지 구체적인 방법을 모르기 때문입니다. 이 책은 처음 영어를 만나는 아이와 부모의 궁금증과 고민을 한번에 해결합니다. 세 살이든, 여덟 살 초등학생이든 처음 영어를 시작하는 모든 아이가 쉽고 재미있게 따라 할 수 있도록 구성하였습니다.

알파벳을 학습으로 인식하지 않고 그림으로 익히는 방법부터 파닉스를 다각적으로 습득한 후, 그림책을 읽고 미국 초등학교 2학년 수준의 책을 읽게 되기까지의 단계별 과정을 담았습니다. 각 단계에서 안내하는 대로 읽어 나가면 책의 난이도가 높아집니다. 각 과정별로 공부하는 시간과 방법도 상세하게 설명하였습니다.

바쁜 워킹맘도, 영어 울렁증 엄마도, 아빠도 설명된 방법과 순서대로 따라만 하면 됩니다.

Pre-Step.

첫 영어 오리엔테이션

It's a sunny day.
Hooray!
A hot and sunny,
ice-cream runny,
big floppy hat,
go to the beach
kind of day.

우리 아이 첫 영어, 잘 만나는 법

거울 신경세포 이론

거울 신경세포Mirror Neuron 이론은 본인이 직접 행동하지 않고 다른 사람이 행동하는 것을 보는 것만으로, 마치 자신이 행동하는 것처럼 신경세포가 반응한다는 이론이다. 이탈리아의 신경심리학자 리촐라티Giacomo Rizzolatti 교수가 원숭이의 동작에 따라 뇌의 신경세포가 어떻게 활동하는가를 관찰하다가 발견했다. 자신이 어떤 일이나 행동을 직접 하지 않고 보거나 듣기만 하는데도 직접 움직일 때와 동일한 반응을 하는 신경세포가 있다는 것이다.

아기들에게서 종종 볼 수 있는 '따라 하기'와 같이 특정 행동을 모방할 때 '거울 신경세포'가 작용한다. 아무 생각 없이 옆 친구가 하는 행동을 따라 하거나 남이 하품을 하면 나도 모르게 하품을 하게 되는 현상도 마찬가지다.

"보기만 해도 아프다", "듣기만 해도 시다"처럼 직접 경험하지 않아도 보거나 듣는 것만으로 겪은 것처럼 느껴지는 것이다. 심지어 책에서 '뚜벅뚜벅'이라는 단어를 읽기만 해도 발 근육이 발달한다고 한다. 글로 본 것을 몸으로 체득하게 됨을 보여 주는 예이다.

거울 신경세포는 모방을 통해 새로운 기술을 배울 때 중요한 역할을 한다. 이것이 원어민이 책장을 넘기며 책을 읽어 주는 동영상과 율동이 있는 노래를 풍부하게 수록한 이유이다. 눈으로 보고 귀로 들으며 뇌의 신경세포로 따라 하면서, 영어를 몸으로 체득하게 되는 것이다.

강요하지 않고 자연스럽게 영어가 몸에 배게 하는 첫 걸음이다. 물론 시청각 자료를 수록한 더 중요한 이유는, 즐겁고 쉽게 아이들이 처음 영어를 만나게 하고자 함이지만 말이다.

영어 책이 장난감이 되게 하는 비법

아이들은 자신이 좋아하는 것은 아무리 반복해도 지치지 않는다. 아이들이 장난감처럼 책을 늘 끼고 다니게 하는 비법은 무엇일까? 답은 '책' 안에 있다. 바로 아이들이 장난감으로 인식할 수 있는 영어 책을 주는 것이다. 장난감처럼 재미있는 대표적인 책이 바로 플랩북이다. 플랩북은 접힌 부분이 있어서 펼쳐 보거나, 다양한 재질의 종이나 천이 덮여 있어서 들추거나 만지며 읽을 수 있는 책이다. 아이들은 책과 놀며 교감하고, 상상력을 키운다.

본격적인 로드맵에 들어가기 전에 아이라면 누구나 좋아하는 대표 플랩북 시리즈를 소개한다. 부모가 매일 읽어 주고 아이가 책을 만져 보며 책과 더불어 놀게 하자.

《메이지 플랩북 시리즈》

우리 아이 첫 번째 **플랩북** 시리즈

《Maisy Grows a Garden》 작가: Lucy Cousins

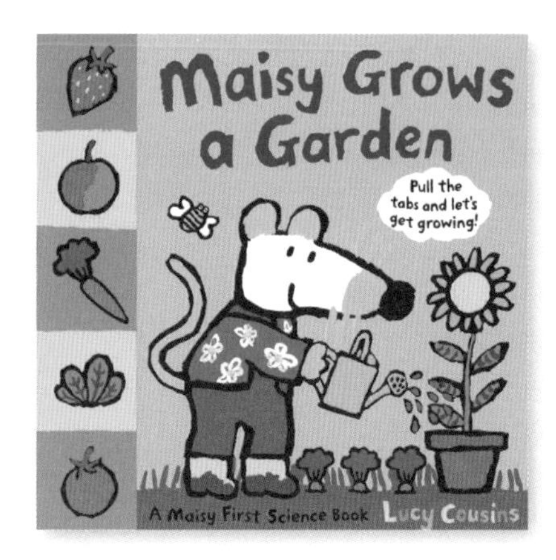

우리나라에서도 유명한 메이지Maisy 시리즈다. 생쥐 메이지는 여자일까, 남자일까? 책을 읽어 주고 한참이 지날 때까지 주인공 메이지가 수컷 생쥐인 줄 알았다. 보이는 것과 다른 반전. 메이지는 암컷이다. 알고 보면 귀엽고 사랑스런 생쥐 메이지와 직접 놀아 보는 책을 소개한다. 아이들은 책장을 넘기며 직접 씨를 뿌리고 물을 주며 꽃이 피게 하고, 채소도 수확한다. 책과 놀면서 정원을 가꿀 때 쓰는 단어들을 만난다.

우리 아이 인생 첫 번째 플랩북은 《Maisy Grows a Garden》이다. 아래 QR코드를 찍으면 원어민이 책을 넘기며 읽어 주는 동영상이 나온다. 아이가 보고 듣도록 한다. 그리고 책을 실제로 구해서 아이가 화살표를 당기며 직접 정원을 가꾸고 책과 교감하게 한다. 14페이지이므로 여기저기 들고 다니면서 읽어 주는 것도 부담스럽지 않다. 아이 혼자서도 책을 넘기며 놀게 하자. 영어를 읽지 못해도 영어 책이 재미있다는 것을 몸으로 느끼게 된다.

《Maisy Grows a Garden》
읽어 주는 동영상

우리 아이 두 번째 **플랩북** 시리즈

《Spot Goes to School(Spot Lift the Flap)》 작가: Eric Hill

《Spot Goes to School》 읽어 주는 동영상

강아지 스팟Spot이 주인공인 스팟 시리즈. 아기들이 본능적으로 좋아하는 강아지가 주인공이다. 처음 영어를 접하는 세 살 아이들 수준에 맞는 그림과 이야기로 구성돼 있다. 그림만 봐도 자꾸 읽어 달라고 하는 시리즈다. 엄마가 읽어 주기에도 무리가 없지만, 책을 한 장 한 장 넘기며 원어민이 읽어 주는 동영상을 자주 보여 주고 책도 쥐여 줘서 아이가 즐겁게 영어와 친해지게 하자. 《Spot Goes to School》은 총 24페이지다.

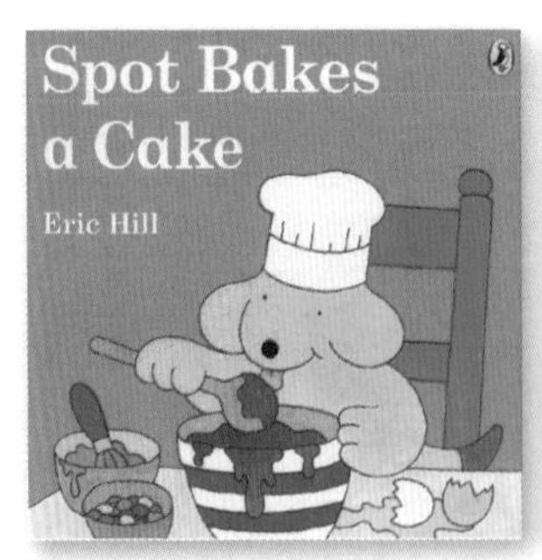

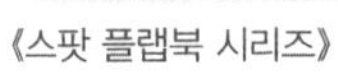

《스팟 플랩북 시리즈》

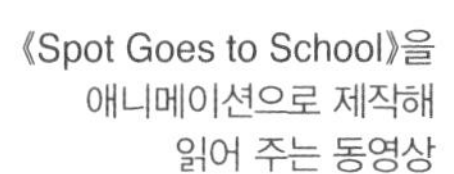

《Spot Goes to School》을
애니메이션으로 제작해
읽어 주는 동영상

《Spot Goes to School》 그대로 애니메이션으로 각색한 동영상이다. 책 한 장 한 장을 애니메이션으로 만들어 냈다. 책 속의 주인공들과 이야기가 살아 움직인다. 책 원본과 조금 다른 대화도 추가돼 있고 같은 주인공이 살아 움직이므로 아이들이 더욱 몰입해서 본다. 영어가 익숙해진 후에는 아이가 책과 영상의 차이를 비교하며 말하는 날이 올 것이다. 그때를 기대하며 아이가 그저 즐겁게 영어를 접하도록 하자.

세 살부터 정독습관 들이는 비법

세 살 버릇 여든까지 간다는 속담이 있다. 식상하지만 진리이기도 한 말이다. 아이 몸에 정독 습관이 들도록 하는 비법은 무엇일까. 그것은 바로 아이가 인식하기도 전에 책 읽는 습관이 몸에 배도록 하는 것이다. 아이 몸에 책 읽는 습관이 들게 하는 가장 쉬운 방법은, 아이가 매일 책을 잡도록 하는 것이다. 엄마, 아빠가 책을 읽어 주고 아이가 손으로 책을 잡고 책장을 넘기게 한다. 글을 몰라도 아이의 손은 책장의 느낌을 기억하고 책을 익숙하고 친근하게 느끼게 된다. 세 살 아이, 부모나 양육자가 매일 15분, 아이에게 책을 읽어주는 것이 정독 습관의 열쇠다.

슬로리딩의 힘

아들이 다섯 살 때의 일이다. 몸도 마음도 바빴던 나는 한 권이라도 더 읽어 주려는 욕심에 아이의 마음이야 어떻든 빠른 속도로 하루에도 열 권의 책을 읽어 주었다. 아이가 좋아하는지 싫어하는지는 염두에 두지 않았다. 아이가 읽어 달라고 하지도 않았다. 아이는 책에 대해 한마디도 하지 않았다. 그저 내가 책을 여러 권 읽어 주었다는 것에 만족했다.

어느 날, 새로 구입한 책이 있어서 평소보다 천천히 한 권을 읽어 줬다. 그랬더니 아이는 한 장 한 장 꼼꼼히 보고 내 눈에는 보이지도 않는, 숨어 있는 그림들까지 손가락으로 짚으며 몰입해서 책을 보는 것이었다. 다 읽고 또 읽어 달라고 하면서…. 글도 모르는 아이가 책을 즐긴다는 것이 이런 것이구나 느낄 수 있었다.

한 권을 읽어도 아이가 음미하고 책 읽는 기쁨을 만끽하며 읽게 하는 비법을 이때 발견했다. '천천히', '여러 번' 읽을 여유를 주는 것이다. 얼마나 단순한 비법인가!

같은 책을 여러 번 반복해서 읽어 달라는 아이가 있다. 부모들은 다양한 책을 접하게 해주고 싶어서 고민을 한다. 하지만 그런 고민은 할 필요가 없다. 아이가 읽고 싶다면 지칠 때까지 읽어 주자. 보고 싶다면 다시 찾지 않을 때까지 보여 준다. 아이가 열 번 읽고 싶다면 그 이유가 있는 것이다.

같은 곳에 여행을 가도 갈 때마다 새롭고 느끼는 감정이 다르듯, 같은 책을 여러 번 읽어도 읽을 때마다 느끼는 것이 달라진다. 과거에 놓쳤던 그림이 보이기도 하고 생각도 바뀐다. 아이들을 키우다 보면 어른이 보지 못하는 것을 아이가 먼저 발견하고 그것에 대해 상세히 묘사까지 해서 놀라는 경우가 종종 있다.

슬로리딩은 말 그대로 책을 천천히, 자세히 읽는 것이다. 다른 말로 '숙독'이라고 해도 좋다. 초등학교에서도 슬로리딩 수업을 하는데, 한 권의 책을 한 학기 또는 1년에 걸쳐 상세하게 읽고 토론하며 글도 써보게 하는 방법이다. 다독이 유행하는 이때, 슬로리딩의 중요성을 다시금 느낀다. 한 권을 읽어도 제대로 이해하고 자기 것으로 만들 때 그것은 지식이 된다.

영어 도서관을 운영하면서 같은 두께의 책을 읽어도 쓱 단숨에 읽는 아이와 늦어도 천천히 집중해서 읽는 아이는 이해도에서 크게 차이를 보이는 것을 종종 본다.

한 권을 읽어도 깊이 있게 이해하고 즐기는 것이 정독 습관의 첫 걸음이다. 정독 습관이 몸에 배면 다독은 당연히 따라온다. 그간 쌓인 어휘력과 향상된 책 읽기 속도를 바탕으로 자연스럽게 정독하며 다독을 하게 된다.

영어를 모르는 아이라도 영어 책의 그림에서 새로운 장면을 발견하고, 읽어 줄 때마다 달라지는 엄마의 목소리에서 전에 느끼지 못한 감정을 느낀다. 우리말 책도 마찬가지다. 엄마가 귀찮아하지 않고 아이가 좋아하는 책을 천천히 반복해서 읽어 주는 것, 그것이 바로 정독 습관의 시작이다.

아이 손으로 넘기게 한다

운전 연수를 받을 때는 10시간이 기본이다. 최소 10시간은 운전대를 잡아야 혼자 운전을 할 수 있다는 것이다. 운전이 익숙해지면 주차할 때도 일일이 차의 앞뒤 간격을 재면서 하지 않는다. '감'으로 한다. 운전을 잘하려면 무조건 운전대를 오래 잡아야 한다. 어디를 가든 차를 몰고 다녀야 운전이 익숙해진다.

부산에서 초등학생 아이들이 반바지만 입고 높은 둑에서 바다로 뛰어내리며 수영을 즐기는 것을 본 적이 있다. 그 아이들은 한 번도 수영 교습을 받은 적이 없다. 그저 바다가 가까이 있고 물을 자주 접하기에 바다 수영이 두렵지 않았던 것이다. 바닷물에 발을 담그는 것도, 파도를 헤치며 자맥질을 해 나가는 것도 숨 쉬듯 이루어졌을 것이다. 자연스럽게 수영이 몸에 밴 것이다.

마흔이 넘도록 수영을 못 했다. 대학 시절에 한 번, 직장 다닐 때 한 번 수영 강습을 받았다. 물이 무섭기도 했고, 두 번 정도 가니 귀찮고 어렵게 느껴졌다. 세 번을 넘기지 못하고 포기하게 됐다. 세월이 지나 첫아이가 수영을 배울 때, 나도 따라서 아이와 함께 의무적으로 8회의 수영 교습을 받았다. 단체 수업보다 비싼 비용을 지불한 상태라서 빠질 수가 없었다. 내가 과연 할 수 있을까 의구심이 들었지만 어쩔 수 없이 출석했다. 그런데 마지막 8회째 수업 날 거짓말처럼 25m 길이의 수영장을 완주할 수 있었다. 성공하고도 믿기지 않았다. 몸에 배면 어려웠던 것도 쉽게 된다. 하지만 몸에 배려면 직접 만지고 해보는 절대 시간이 필요하다.

세 살 아이. 엄마가 책을 읽어 주어도 책장은 아이가 직접 넘기게 하자. 가까이 있는 친구마냥 책과 손잡게 하는 것이다. 글을 몰라도 책장을 넘기는 것이 몸에 배면 익숙하고 편안해진다. 책에 대한 거부감 따위는 아예 생길 수가 없게 하자.

책은 늘 가까이에 두자. 손만 뻗으면 잡을 수 있는 곳에 두고, 아이가 오다가다 만져 보고 펼쳐 보게 해 책에 익숙해지게 하자. 책이 평생의 가장 좋은 친구가 되게 하는 첫걸음이다.

하루 한 권씩, **꾸준함이 답이다**

처음이라 어려운 걸 알지만, 처음이라 과욕을 부릴 수 있다. 진부한 말이지만 어떤 분야에서든 결국 승리하는 사람은 꾸준한 사람이다.

하루에 한 권 영어 책 읽어 주기. 쉬울 것 같지만 쉽지 않다. 하루도 빠짐없이 한 권씩만 읽어 주면 1년이면 365권, 2년이면 700권이 넘는다.

경험한 것을 주로 습득하는 기능을 가진 우뇌가 성장하는 만 3세까지는 독서 습관을 들이기 용이한 시기다. 매일 손으로 책을 잡고 본다는 것은, 그러한 경험을 몸으로 쌓고 매일 '두뇌 훈련'을 한다는 의미다. 남미영 박사의 《엄마의 독서학교》에 따르면 "아이가 커서 책을 좋아하느냐 싫어하느냐는 어린 시절 책에 대한 좋은 기억을 얼마나 많이 갖고 있느냐에 달려 있다"고 한다. 전문가들은 특히 아이에게 매일 책을 읽어 주는 것이 평생 독서 습관을 길러 주는 가장 좋은 방법이라고 입을 모은다.

세 살 때부터 엄마가 안고서 매일 책을 읽어 준 아이는 책과 친해질 수밖에 없다. 친해지면 익숙해지고, 익숙해진다는 것은 습관이 됨을 의미한다.

하루 한 권이 답이다. 하루 한 권씩 책 읽어 주기. 지금부터 시작하자.

정독 습관의 주춧돌, **음독**

《독서는 절대 나를 배신하지 않는다》의 작가 사이토 다카시는 "음독은 10번 (마음속으로) 읽은 효과를 발휘한다"고 말했다. 중세 유럽에서 책을 읽는다는 것은 음독을 의미했고 옛날 우리나라 서당에서도 훈장님을 따라 천자문을 큰 소리로 따라 읽었다. 중국은 오늘날에도 반 전체가 음독하며 공부하는 학교가 있다.

소리 내어 읽는 음독은 뇌 전체가 가장 활발하게 활동하도록 돕는 뇌의 전신 운동이다. 뇌는 눈으로 본 것이 전달되면 이를 다시 음성언어로 바꾸어 발화한 다음, 그 발화된 소리가 다시 자신의 귀로 들어가 머리에 저장되는 시스템을 주관한다(《엄마의 독서학교》 인용). 뇌를 관찰한 결과에 따르면, 소리 내어 읽을 때 전두엽이 눈에 띄게 활성화되고 묵독에 비해 기억력이 20% 더 높게 나타난다고 한다.

아이가 책을 따라 읽을 수 있게 되면, 처음부터 음독하는 습관을 길러 주자. 열 살에 영어 자립을 이룬 큰아이의 영어 학습법 중에서 가장 효과적이었던 것이 2년간 하루도 빠짐없이 소리 내어 책을 읽게 했던 것이다. 영어 도서관에서도 아이들이 눈으로 책을 읽은 후 한 번 더 소리 내어 음독하게 하고 있다. 집중력과 이해도가 높아질 뿐 아니라 본인의 발음을 귀로 듣고 스스로 고치는 효과도 있다.

음독하며 책 읽기, 정독 습관의 주춧돌이다.

꿀팁 컴맹도 문제없는 **QR코드 사용 설명서**

QR코드란 'Quick Response'의 약자로 '빠른 응답'을 얻을 수 있다는 의미다. 흑백 격자무늬 패턴으로 정보를 나타내는 매트릭스 형식의 2차원 바코드다. 숫자 외에 문자뿐 아니라 소리나 사진, 영상 정보를 담을 수 있어 QR코드를 인식하면, 제품 정보를 보여 주거나 입력된 웹사이트로 연동된다.

'스캐니', '크루크루' 등 QR코드를 인식하는 무료 애플리케이션을 깔아 이용할 수 있다. 컴맹인 나는 이보다 더 쉬운 방법을 선호하는데, 보통 기본으로 깔려 있는 '네이버 앱'을 활용하는 방법이다. 활용 방법은 아래와 같다.

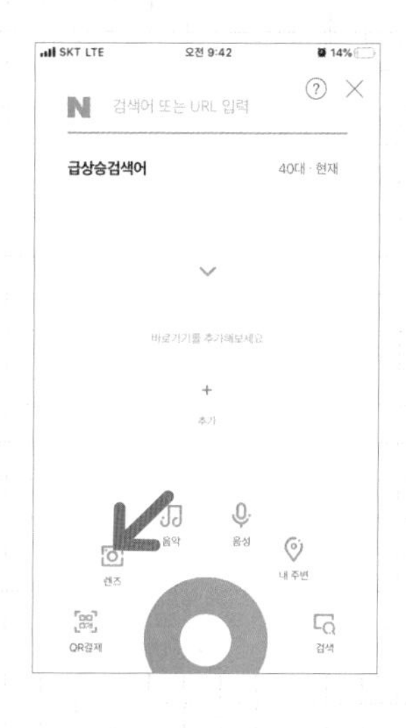

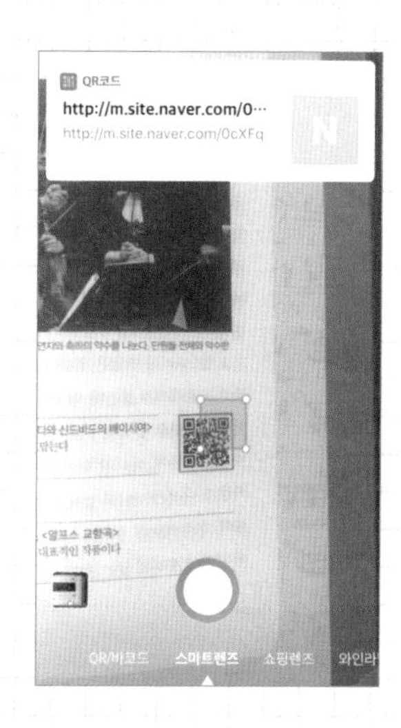

1) 네이버 앱을 실행한다.

2) 앱 화면 하단에 있는 동그라미를 터치한다.

3) 각종 메뉴가 나타나는데 거기서 렌즈를 선택한다.

4) 스마트렌즈를 QR코드에 위치시킨다.

QR코드를 이용해 스마트폰으로 간편하게 영어를 즐겨 보자.

Step 1.

태어나서 영어 처음 만났어요

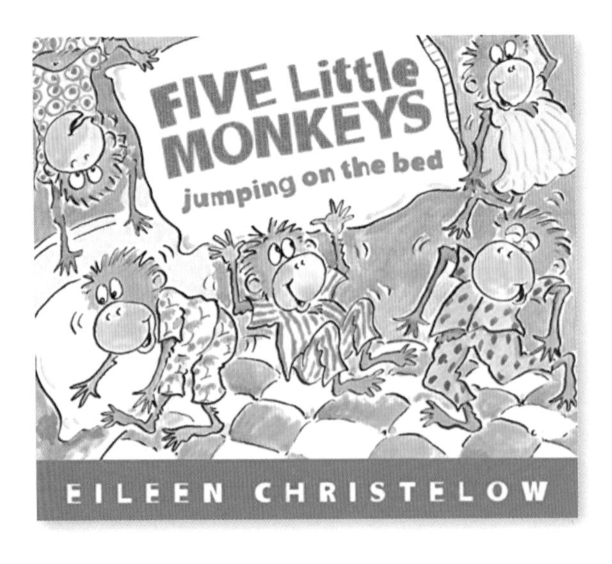
FIVE Little MONKEYS
jumping on the bed
EILEEN CHRISTELOW

음악과 노래로 영어와 인사하기

우리 아이 첫 영어, 언제부터 시작해야 할까? 아이에게 처음 영어 공부를 시키는 엄마들이 많이 고민하는 부분이다. 첫 시작을 잘해 놓으면 끝은 자연스럽게 맞춰진다.

앞서 프롤로그에서 설명했듯, 우리 아이 첫 영어의 적기는 아이가 우리말을 능숙하게 할 때이다. 우리말을 유창하게 하고 엄마의 말을 대부분 이해한다면 영어를 바로 시작해도 좋다. 몇 살인지는 중요하지 않다. 아이의 언어 발달 정도를 보고 결정한다.

아이가 거부하지 않는다면 세 살 아이도 영어를 시작할 수 있다. 한글 읽기까지 떼고 일곱 살이나 초등 1, 2학년부터 시작해도 늦지 않다. 영어 도서관을 운영하다 보면 책을 좋아하는 아이들은 영어 공부를 늦게 시작해도 빠르게 성장하는 모습을 자주 보게 된다. 아이의 성향과 상황을 보고 결정한다.

임신 중에도 영어 CD를 들으며 영어로 태담을 하는 엄마들이 있다. 영어가 편하다면 괜찮지만 억지로 노력할 필요는 없다. 영어 CD는 정서에는 좋지만, 아이의 영어 실력에 큰 도움은 되지 않는다. 아이가 우리말을 능숙하게 할 때 시작해도 충분하다.

아이가 우리말을 잘하는데도 영어를 거부한다면 어떻게 해야 할까? 첫 번째 해결책은 처음 시도했던 것과 다른 방법으로 접근하는 것이다. 영어 책을 읽어 주는 것으로 시작했다면 영어 노래를 들려주거나 영어 책을 노래로 들려주자. 아이들에게 노래만큼 친근하게 다가서는 학습 교재도 없다. 다음 페이지에 영어 동요와 동화를 노래로 불러 주는 영상 자료를 실었다. 자주 보여 주어 영어 음가(발음)에 익숙해지도록 하자. 음악이 나오면서 단어도 함께 보여 주므로 영어 문자(알파벳)와도 친해지게 된다.

두 번째 방법은, 아이 취향에 맞는 소재가 있는 책 중에서 그림이 많은 책으로 접근하는 것이다. 강아지를 좋아한다면 강아지가 주인공인 영어 그림책을 보여 준다. 책에 나온 그림도 따라 그려 보게 한다. 책과 교감하게 되고 자꾸 읽어 달라고 할 것이다.

Step 1에서는 아이들이 영어를 처음 접할 때의 거부감을 줄이고, 영어를 만나자마자 바로 즐길 수 있도록, 음악과 노래로 접근한다.

하루 15분 영어가 놀이가 되는 시간

목표 | 영어를 외국어로 인식하지 않고 노래처럼 편하게 만나기
시간 | 매일 15분
기간 | 약 3개월
과정 | 영어 동요나 영어 책 노래로 읽어 주는 영상 부담 없이 즐겁게 보여 주기.

태어나서 처음 영어를 만나는 우리 아이. 무조건 아이가 즐거워할 수 있도록 다가서야 한다. 노래와 춤을 좋아하는 3~8세 아이들. 동요를 통해 영어와 인사하자. 영어를 노래로 만나면 또 다른 '언어'라고 인식하기 전에 거부감 없이 영어를 만날 수 있고 놀이로 인식하게 된다.

오랫동안 세계 어린이들에게 사랑받은 영어 동요를 선별해 수록했다. 특히 노래방처럼 노래가 나오는 대로 가사(단어)의 색깔이 따라서 바뀌는 곡들을 게재하였다.

모든 곡은 무료 음악이다. 유튜브(www.youtube.com)에서 시청할 수 있게 QR코드를 삽입하였다. 앞에서 소개한 QR코드 사용법을 참고하여 스마트폰으로 간편하게 보여 주면 된다.

처음부터 단어를 보면서 따라 하기를 바라서는 안 된다. 지금 단계에서는 그저 즐겁게 듣고 흥얼거릴 수 있도록 보여 주면 된다. 알파벳을 읽게 되고 단어를 배운 후 다시 들려주면, 눈으로 흘려 보아 익숙해진 단어를 인지하면서 노래를 따라 부르게 된다. 눈과 귀로 친해지도록 자주 보여 준다.

우리 아이 첫 번째 **영어 동요**

아이들이 어린이집이나 유치원에서 자주 접하고 즐겨 들어 온 동요들을 선별했다. 귀에 익숙한 노래들로만 구성되어 있어 태어나서 처음 영어 노래를 들어도 낯설지 않다. 우리 아이 생에서 처음 접하는 외국어인 영어를 외국어로 받아들이지 않고 음악으로 받아들이게 된다.

〈If You're Happy and You Know It〉

〈If You're Happy and You Know It〉
노래 동영상

유치원에서 즐겨 부르는 〈우리 모두 다 함께 손뼉을〉 동요를 영어로 들려준다. 곰, 오리, 원숭이, 여우 친구들이 율동을 하면서 노래를 부르면, 멜로디가 흐르는 대로 단어 색깔이 바뀐다. 동물들이 손뼉을 치고 눈을 감았다 뜨고 손을 번쩍 들어 춤추는 영상을 보면서 아이는 시키지 않아도 스스로 율동을 따라 하게 된다. 영어와 적극적인 교감이 이루어지는 것이다.

〈Itsy Bitsy Spider〉

〈Itsy Bitsy Spider〉
노래 동영상

"The itsy bitsy spider climbed up(아주 작은 거미가 올라갑니다)"로 시작하는 동요 〈Itsy Bitsy Spider〉를 애니메이션과 함께 따라 불러 보자. 영상은 가사를 보여 주며 정확한 발음으로 천천히 노래를 부른다. 유치원에서 우리말로도 많이 부르는 동요이므로 아이가 낯설어하지 않고 금세 따라 부른다.

〈Rain Rain Go Away〉

"Rain rain go away. Come again another day(비야, 비야, 물러가라. 다른 날 다시 오렴)." 나가서 놀고 싶은 아이는 비가 그치기를 바라며 노래를 부른다. 밖에 나가 놀고 싶은 마음은 우리나라 어린이나 외국 어린이나 같다. 비 올 때 들려줘 보자. 감정 이입이 되어 아이가 영상 속의 아이처럼 창밖을 보며 노래를 흥얼거릴 것이다.

〈Rain Rain Go Away〉
노래 동영상

〈The Muffin Man〉

부모들도 한 번쯤 들어 봤음직한 동요다. "Do you know the muffin man, muffin man, muffin man?(머핀맨을 아니?)"이 반복되며 아이들이 신나게 따라 부르는 국민 영어 동요다. 노래를 따라 부르다 보면, 'Do you know~'로 시작하는 의문문의 구조를 의식하지 않고 자연스럽게 익히게 된다.

〈The Muffin Man〉
노래 동영상

〈Wheels on the Bus〉

오랜 세월 동안 세계 어린이들이 즐겨 불러 온 동요 〈Wheels on the Bus〉는 다양한 버전의 책으로도 출간되었다. 동요를 들려주고 책도 찾아 읽어 준다. "The horn on the bus goes beep beep beep(버스의 경적 소리가 빵빵빵 울린다)", "The wipers on the bus go swish swish swish(버스의 와이퍼는 휙휙휙 흔들린다)"와 같이 차에서 나는 의성어를 노래로 익히게 된다. 자동차를 좋아하는 아이들은 보자마자 즐겁게 따라 부른다.

〈Wheels on the Bus〉
노래 동영상

〈My Name Song〉

"How do you do?(안녕)" "Nice to meet you.(만나서 반가워)" "What is your name?(네 이름은 뭐니?)" 두 팀으로 나눠서 인사를 주고받고, 한 친구가 상대 팀 중 한 명을 지목해 이름을 물으면 상대 팀이 답한다. 지목당한 친구는 자기 이름을 말하고, 질문한 친구와 팀을 바꾼다.

영상을 통해 놀이 방법을 알 수 있다. 우리나라 동요인 〈우리 집에 왜 왔니〉와 비슷한 구조다. 노래를 배우고 놀이 방법에 따라 친구와 함께 놀이를 직접 해보게 한다. 억지로 외우지 않아도 인사말뿐 아니라 영어가 몸에 배게 된다.

〈My Name Song〉
노래 동영상

〈On Top of Spaghetti Song〉

재채기로 인해 스파게티Spaghetti 위의 미트볼이 데굴데굴 굴러가 버린다. 미트볼이 불쌍하다poor meatball며 부르는 노래가 웃음을 자아내면서도 공감이 간다. 부드러운 선율의 노래와 함께 애니메이션이 노랫말에 맞춰 구성돼 있으므로 내용을 쉽게 이해할 수 있다. 좋아하는 음식이 나오므로 아이들이 더욱 집중해서 따라 하는 노래다.

〈On Top of Spaghetti Song〉
노래 동영상

〈What Color is the Sky〉

"What color is the sky?(하늘은 무슨 색이지?)" "It's blue(파란색)"라고 세 번 대답해 준 후, "The sky is blue(하늘은 파란색이야)"라고 다시 한번 문장을 정리해 노래한다. 노래를 불러 줄 때, 마치 책을 보는 것처럼 큼지막한 크기로 노래 가사가 나타난다. 가사가 바뀌면 이에 따라 단어가 바뀌므로, 무의식중에 단어 읽는 방법을 알게 된다.

"What color is the sun?(해는 무슨 색이지?)", "What color is the grass?(잔디는 무슨 색이지?)", "What color is an apple?(사과는 무슨 색이지?)" 등과 같이 다양한 질문이 나오고 색 이름을 반복해서 말해 준다. 그저 듣고 따라 하기만 해도 간단한 문장 구조와 색깔 이름을 익히게 된다.

〈What Color is the Sky〉
노래 동영상

노래로 불러 주는 **영어 동화**

동화는 책으로만 읽어 주는 것이 아니다. 노래로도 들려줄 수 있다. 동서고금, 모두에게 잘 알려진 동화를 노래로 불러 주는 동영상을 소개한다. 영상을 보는 것만으로도 즐거운데, 전체 이야기를 처음부터 끝까지 신나는 리듬의 동요로 불러 준다. 아이들이 좋아하지 않을 수 없다. 노래가 나오는 대로 단어 색깔이 바뀌어서 따라 하기도 쉽다. 누구나 아는 이야기이므로 집에 책이 있을 것이다. 우리말이든, 영어든 집에 있는 책으로 읽어 주고 영어 노래로도 들려준다.

《Three Little Pigs》

첫째 돼지는 짚hay으로 집을 짓고, 둘째 돼지는 나뭇가지stick로 집을 짓고, 셋째 돼지는 벽돌brick로 집을 짓는다. 우리가 모두 아는 《아기 돼지 삼 형제》 이야기를 처음부터 끝까지 노래로 엮었다. 캐릭터들도 귀엽다. 영상을 보며 단어 색깔이 바뀌는 대로 노래를 따라 부르면 된다. 노래를 부른 후 집에 있는 《아기 돼지 삼 형제》 동화책을 읽어 주면 영어를 더욱 가깝게 느끼게 된다.

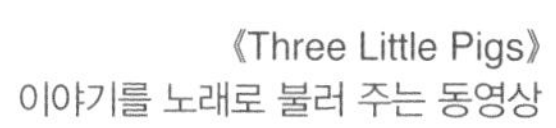
《Three Little Pigs》
이야기를 노래로 불러 주는 동영상

《The Country Mouse and the City Mouse》

화려하지만 늘 불안에 떨며 살아야 하는 도시 쥐와, 부족하지만 마음은 풍요롭고 편안한 시골 쥐의 이야기를 노래로 불러 준다. 도시 쥐와 시골 쥐의 생활 모습을 영상을 통해 상세하게 보여준다. 처음부터 끝까지, 모든 내용을 노래로 천천히 불러 주기 때문에 처음 봐도 무슨 내용인지 쉽게 알 수 있도록 구성되어 있다.

《The Country Mouse and the City Mouse》
이야기를 노래로 불러 주는 동영상

《The Tortoise and the Hare》

이솝 우화에 나오는 《토끼와 거북이》 이야기를 노래로 만나 본다. 토끼가 잘난 척하는 첫 장면부터, 달리기 경기 과정, 거북이가 승리하고 서로 화해하는 모습까지 전체 스토리를 빠짐없이 애니메이션과 함께 노래로 불러 준다. 영상과 함께 들려주고 《토끼와 거북이》 책을 읽어 주면, 아이가 눈을 반짝이며 책을 들여다볼 것이다.

《The Tortoise and the Hare》
이야기를 노래로 불러 주는 동영상

노래로 읽어 주는 **그림책**

책일까, 노래일까. 영어 그림책을 첫 장부터 마지막 장까지 하나하나 노래로 읽어 준다. 간단한 문장이 반복되고 노래도 재미있어서 아이가 노래로 듣고 바로 책을 꺼내 읽어 볼 수 있다. 물론 Step 1 단계에서는 영상을 본 후에 책을 꺼내 엄마가 읽어 준다.

《Llama Llama Red Pajama》 작가: Anna Dewdney

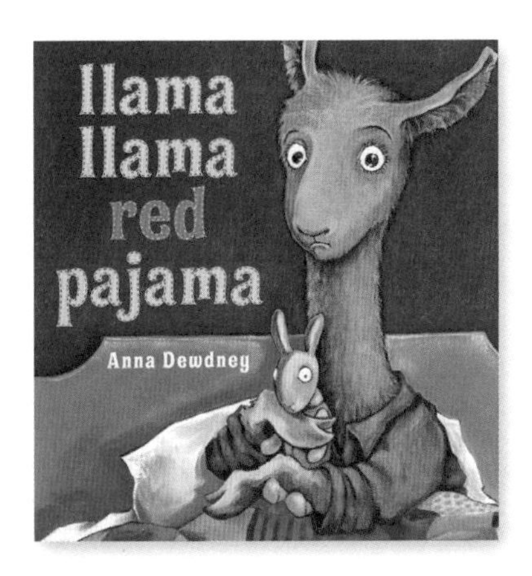

"Llama Llama red pajama, reads a story with his Mama(빨간 잠옷의 라마가 엄마 라마와 책을 읽어요)." 라마Llama와 마마Mama처럼 각운rhyme이 반복되어 즐겁게 어휘를 익힐 수 있다. 아래 영상을 보며 노래로 익숙해지게 한 후 책도 읽어 준다. 《Llama Llama Red Pajama》는 책을 구매하면 뒷장에 노래 CD가 포함돼 있다.

《Llama Llama Red Pajama》
노래로 읽어 주는 동영상

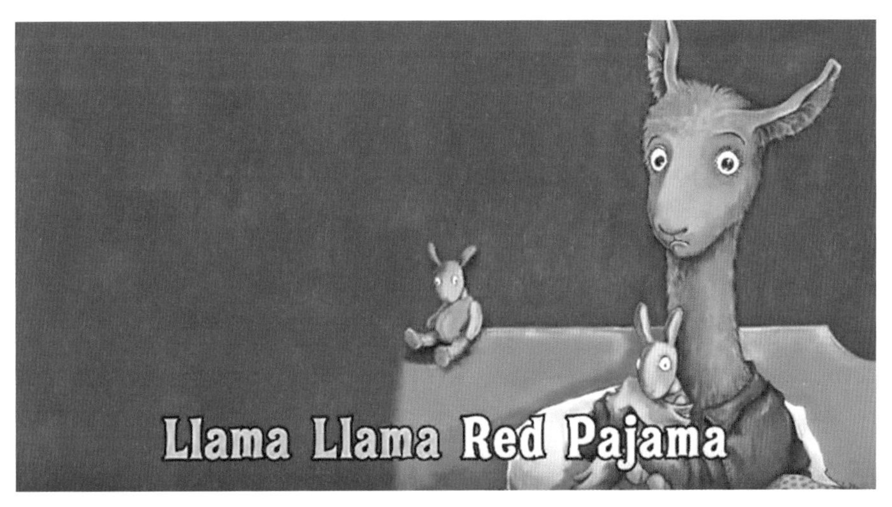

《Five Little Monkeys Jumping on the Bed》

작가: Eileen Christelow

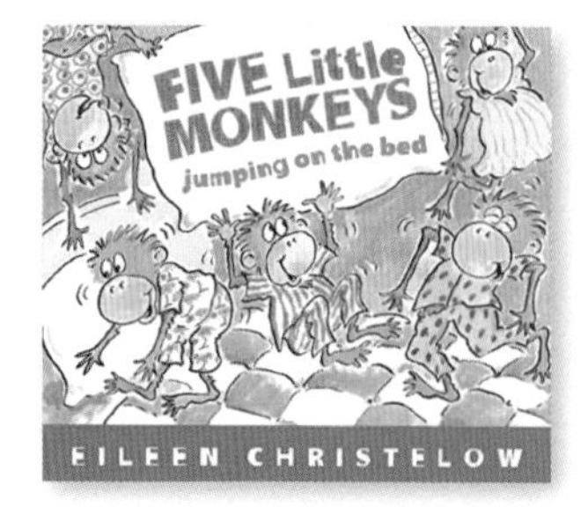

그림책 《Five Little Monkeys Jumping on the Bed》를 노래로 불러 준다. 다섯 마리의 원숭이가 침대에서 점프를 한다. 그러다가 한 명이 바닥으로 굴러 머리를 부딪친다. 엄마는 병원에 전화를 하고 의사는 침대에서 뛰지 말라고 한다. 하지만 원숭이들은 차례대로 점프를 하고 한 마리도 말을 듣지 않는다. 우리 아이들의 모습과 비슷하다. 노래가 쉽고 영상이 재미있다. 노래를 듣게 한 후 책도 읽어 준다. 거부감 없이 동영상에서 책으로 넘어가게 하는 첫걸음이 된다.

《Five Little Monkeys Jumping on the Bed》
노래로 읽어 주는 동영상

《Walking through the Jungle》 작가: Debbie Harter

열대 우림을 하이킹하고hike through the rain forest, 산을 오르고scale a mountain 바다를 건너swim across the ocean 세계를 여행하고 돌아와 집에서 저녁을 먹는다and still make it home for dinner. 색감이 생동감 넘치고 선율이 활기차다. 영어를 알든 모르든 계속 듣고 싶고, 따라 부르고 싶은 노래다. 책을 노래로 불러 주는 애니메이션 영상을 보고 책도 함께 읽어 주자. 아이는 책을 통해 매일 세상을 여행한다.

《Walking through the Jungle》
노래로 읽어 주는 동영상

Q: 몇 백만 원짜리 영어 전집 꼭 사야 하나요?

A: 몇 백만 원짜리 영어 전집, 제목까지 말하지 않아도 다들 아실 거 같아요. 몇 백만 원짜리 영어 전집은 CD가 포함돼 있습니다. 유명한 유아(약 3~6세)용 영어 전집들의 장점은 책의 구성이 좋다는 거예요. 많은 아이들이 좋아하는 책들을 모아 놨죠. 하지만 단점은 가격이 너무 비싸고, 일단 읽는 시기가 지나고 나면 처치 곤란이라는 것입니다. 나중엔 짐이 될 수 있습니다. 강의 다니다 보면 모 전집을 홈쇼핑에서 판매해서 사두긴 했는데, 몇 년째 비닐도 못 뜯고 계신 분들이 있더라고요.
그럼 영어 전집 살까요? 말까요? 저의 조언은 전집 전체는 구매하지 말라는 것입니다. 구성을 보고 아이가 좋아할 것 같은 책을 뽑아 다섯 권 내지 열 권 정도만 사서 반복해서 읽어 주세요. 그리고 책을 살 때는 전집 판매처에서 사지 마시고 각 권을 인터넷 서점(p.83에 소개)에서 CD 없이 책만 구매하도록 합니다. 물론 중고 책을 구입하셔도 좋고요.
이거 진짜 꿀팁 인데요, 영어 책을 CD 없이 사면 값이 반으로 내려갑니다. CD 때문에 비싸지는 거예요. 그럼 CD 효과는 어떡하느냐. 유튜브(www.youtube.com)를 이용하세요. 유명 전집에 있는 책들은 원어민들도 많이 보는 책입니다. 그래서 거의 모든 책의 책 읽어 주는 무료 영상이 유튜브에 올라와 있습니다.
예를 들어 《Love You Forever》 책을 읽어 주고 싶으면, 책만 따로 구매하고 유튜브 검색창에 'Love you forever' 이렇게만 입력해도 여섯 개가 넘는 동영상이 뜹니다. 모두 원어민이 무료로 읽어 주는 동영상이죠. 이렇게 이용하면 영어 전집을 사지 않아도 가성비 갑의 구매 효과를 누릴 수 있답니다.

Step 2.

우리 아이 첫 번째 영어 그림책

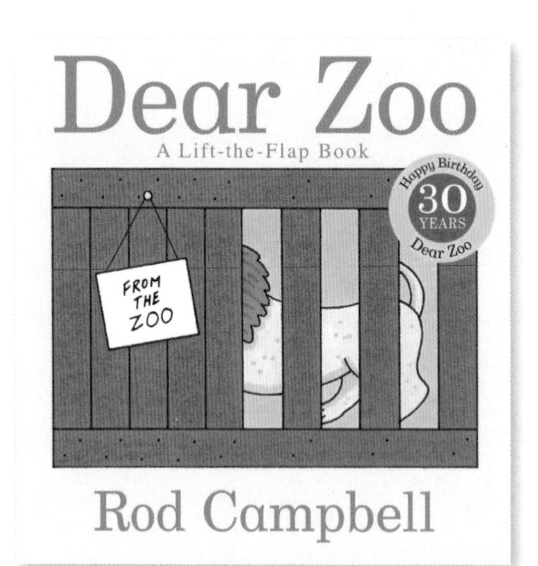
Dear Zoo
A Lift-the-Flap Book
FROM THE ZOO
Happy Birthday
30
YEARS
Dear Zoo
Rod Campbell

3초 만에 영어 책과 사랑에 빠져야 한다

목표 | 첫 번째 영어 그림책, 거부감 없이 만나기

시간 | 매일 15분

기간 | 약 6개월

과정 | 추천 영어 책 읽어 주기. 좋아하는 책은 반복해서 읽어 주기

사랑에 빠지는 데 걸리는 시간은 3초. 아이가 태어나서 영어 책을 처음 만난다. 처음 보자마자 영어 책과 사랑에 빠져야 한다. 책을 펴는 순간 아이들의 마음을 사로잡아야 한다. 이유 없이 자꾸자꾸 보고 싶어야 한다.

나이를 먹을수록 시간이 느리게 간다고 느끼는 것은 각인의 차이라고 한다. 어렸을 때 하는 일은 무엇이든 처음 하는 것이라서 새롭고 기억에 남지만, 나이를 먹을수록 기존에 했던 경험이 되풀이되므로 기억에 오래 남지 않는다는 것이다. 기억을 못 하므로 사람들은 나이를 먹으면 시간이 빨리 간다고 느끼는 것이다.

언제나 첫 기억은 강렬하게 마음에 새겨진다. 아이 인생에서 처음 읽는 영어 책. 영어 책에 대한 아이의 '첫 번째 기억'은 아이의 두뇌와 손에 각인되고 평생 기억될 것이다.

그렇다면 우리 아이가 영어 책과 3초 만에 사랑에 빠지게 하는 비법은 무엇일까? 바로 아이들이 좋아할 수밖에 없는 책을 주는 것이다.

Step 2에서는 표지부터 한 페이지 한 페이지 책의 구성 자체가 아이의 마음을 쏙 뺏을 수 있는 책들로 구성하였다. 아이라면 무조건 만져 보고, 같이 놀고 싶어 하는 책들이다. 아이가 직접 책장을 넘기는 것은 책과 손잡고 걷는 것과 같다. 책과 손잡고 한 장 한 장 뚫어지게 본다는 것은 책 내용에 매료되어 적극적으로 책과 대화하는 것을 의미한다. 손을 잡고 대화하는 것. 영어 책과 우리 아이가 친구가 되는 길이다.

자, 그럼 아이가 저절로 손잡고 싶게 만드는, 매력 넘치는 책들을 만나 보자.

같이 놀고 싶어요.
책과 손잡고 노는 **플랩북**

《Dear Zoo》 작가: Rod Campbell

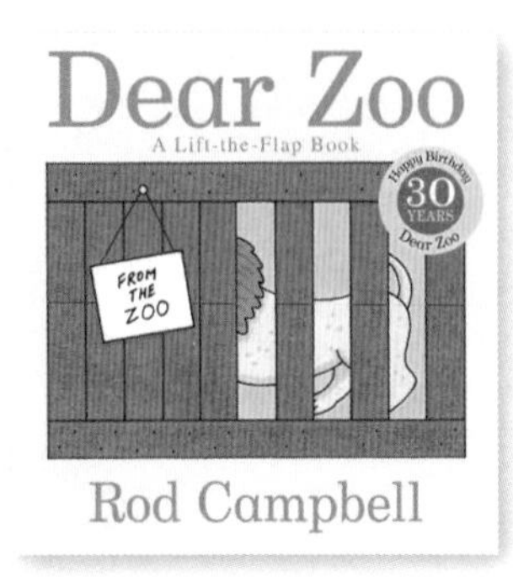

수년간 아마존 베스트셀러 자리를 지키는 플랩북이다. 아이는 동물원에 애완동물을 보내 달라는 편지를 쓴다. 그러자 박스가 차례로 도착한다. 기대감에 차 두터운 종이 덮개를 넘기면, 그 속에서 코끼리가 나온다. 너무 무거워서 동물원에 돌려보낸다. 다음엔 기린이 온다. 키가 너무 커서 다시 돌려보낸다. 아이는 맘에 드는 애완동물을 만날 수 있을까? 반복해서 읽어도 숨어 있는 동물이 궁금해진다. 영상으로 보고 아이가 직접 책을 가지고 놀게 한다.

아마존 베스트셀러

《Dear Zoo》를
움직이는 그림으로 보여 주며
읽어 주는 동영상

《Where Is Baby's Valentine?》 작가: Karen Katz

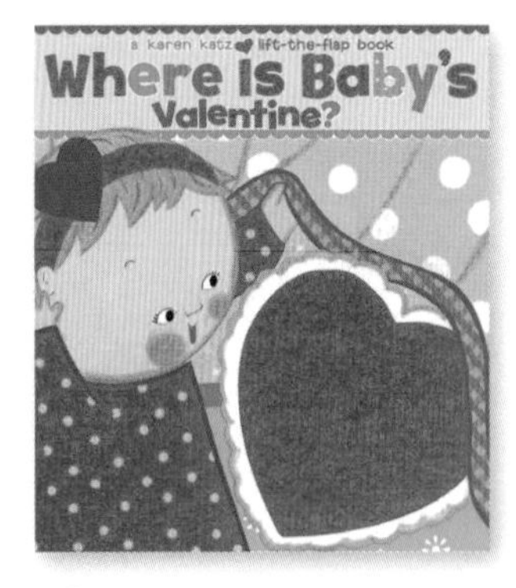

아마존 베스트셀러 플랩북이다. 아기가 엄마를 위해 하트 모양의 발렌타인 카드를 만들었다. "어디에 숨어 있을까? 램프 뒤에 있을까? 아니, 예쁘고 반짝이는 꽃 뒤에 숨어 있다." 종이 덮개를 넘기며 책과 숨바꼭질을 한다. 반짝이는 그림들 사이로 하트 카드를 찾다 보면, 책을 읽는 것이 아니라 책과 손잡고 함께 노는 것 같다. 아이들이 반복해서 보고 싶어 하는 책이다.

아마존 베스트셀러

《Where Is Baby's Valentine?》
읽어 주는 동영상

아이가 쏙 빠져드는 리얼한 **팝업북**

《The Wide-Mouthed Frog》 작가: Keith Faulkner

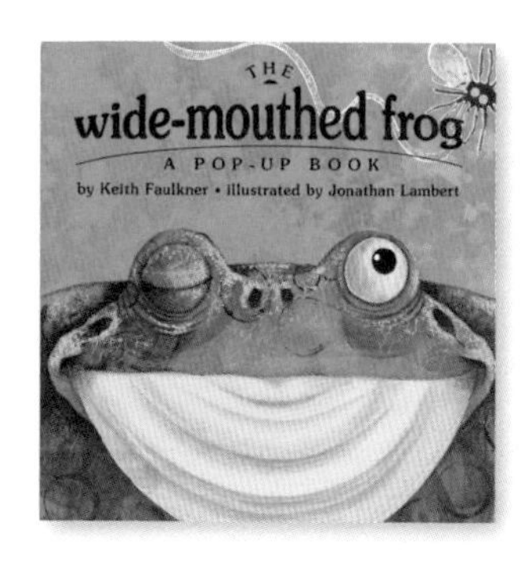

우리말 동화로도 친숙한 《입 큰 개구리》 이야기를 팝업북으로 만나 보자. 첫 장을 펴자마자 개구리의 긴 혀가 튀어나온다. 그때부터 아이들은 깔깔대기 시작한다. 입 큰 개구리가 다양한 동물을 만나 먹이가 무엇인지 물으면, 동물들이 튀어 나와 뭘 먹고 사는지 말해 주는 내용이다.

큰 입을 자랑하던 개구리는 악어를 만나 "What do you eat?(뭘 먹고 사니?)"라고 물어본다. 악어는 살벌하게 뾰족한 이빨을 드러내며 "I eat delicious wide-mouthed frog(난 맛있는 입 큰 개구리를 먹어)"라고 말한다. 충격적인 답을 들은 개구리는 급하게 입을 오므리며 물속으로 도망간다. 책장을 넘길 때마다 새의 부리, 악어의 이빨을 비롯한 동물의 특징이 솟아나와 자꾸 책을 넘겨 보게 만든다. 동물들의 이름을 알 수 있을 뿐 아니라 각각의 동물들이 먹는 먹이도 배우게 된다.

《The Wide-Mouthed Frog》 읽어 주는 동영상

《Pop-up Jungle》 작가: Fiona Watt

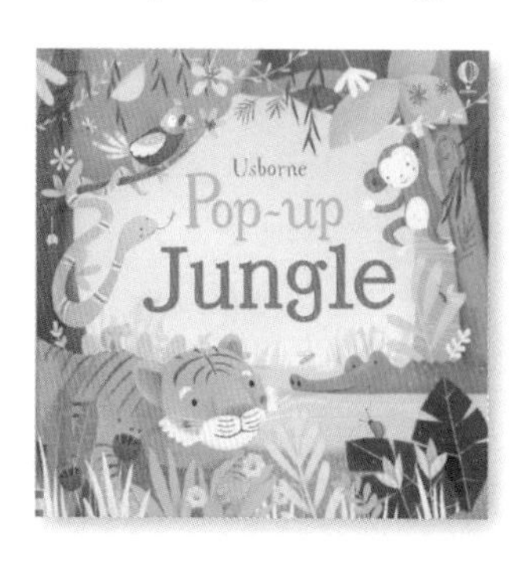

정글이 눈앞에서 펼쳐진다! 원숭이가 나무를 타고, 뱀이 숲속을 가로지르고, 호랑이가 튀어나온다. 페이지를 넘길 때마다 밀림의 동물들이 살아 있는 것처럼 움직인다. 아이는 책을 넘기며 손과 눈으로 정글을 탐험한다. 한번 펼치면 혼자서도 계속 넘겨 보고 싶어지는 책이다.

자꾸 만져 보고 싶어요.
느낌이 살아 있는 **촉감북**

《Touch and Feel: Dinosaur》 출판사: DK

공룡이라면 무조건 사랑에 빠지는 아이들이 있다. 첫 번째 촉감북으로 공룡이 주인공인 책을 선사해 본다. 공룡의 울퉁불퉁한 비늘bumpy scales, 부드러운 뿔smooth horns, 끈적끈적한 혀sticky tongue를 느껴 본다. 선명하고 생생한 사진과 리얼한 느낌 덕분에 공룡을 직접 만져 보는 듯하다. 공룡만 봐도 신나는데 직접 만져 볼 수 있다니 자꾸 책을 열어 보고 싶을 수밖에 없다.

《Curious George at the Zoo : A Touch and Feel Book》 작가: H. A. Rey

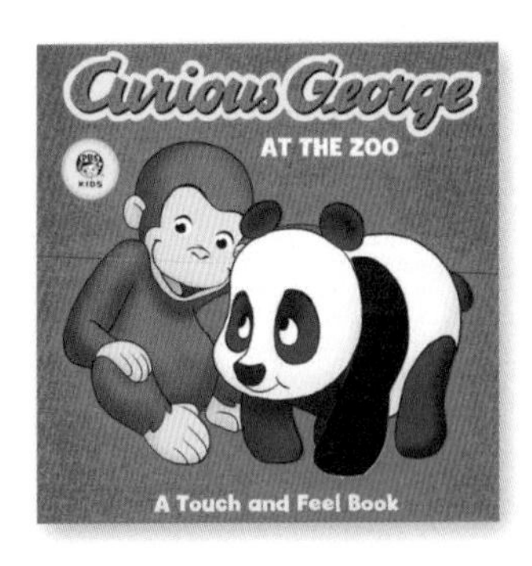

미국 공영방송 PBS Kids에서 방영했던 〈큐리어스 조지Curious George〉 시리즈를 촉감북으로 먼저 만나 보자. 귀여운 원숭이 조지George가 동물원에 가서 보송보송한 얼룩말의 갈기fuzzy zebra's mane를 만져 보고, 두꺼운 펭귄의 털thick coats of penguins도 느껴 본다. 특징은 페이지마다 조지가 숨어 있다는 것이다. 아이들은 책장을 넘기며 다양한 촉감도 느끼고 조지도 찾는 재미에 쏙 빠지게 된다.

STEP 2
우리 아이가 꼭 읽어야 할 강력 추천,
첫 번째 영어 책 10!

- [ ] 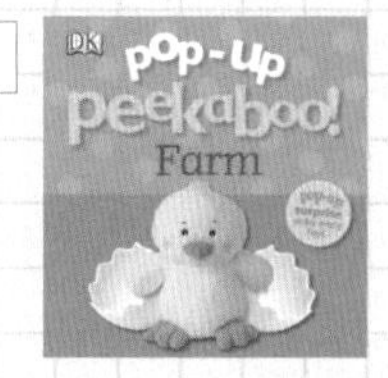

Pop-Up Peekaboo! Farm
출판사: DK

- [ ] 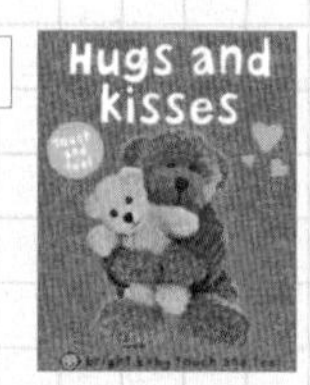

Bright Baby Touch and Feel Hugs and Kisses
작가: Roger Priddy

- [ ] 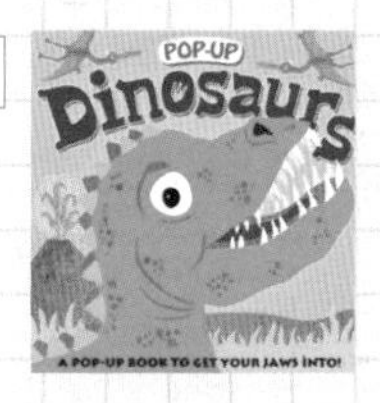

Pop-up Dinosaurs: A Pop-Up Book to Get Your Jaws Into!
작가: Roger Priddy

- [ ] 

Where Is Baby's Belly Button?: A Lift-the-Flap Book
작가: Karen Katz
Best seller 아마존베스트셀러

- [ ] 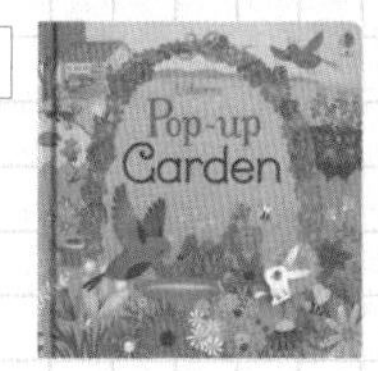

Pop-Up Garden
작가: Howard Hughes

- [ ] 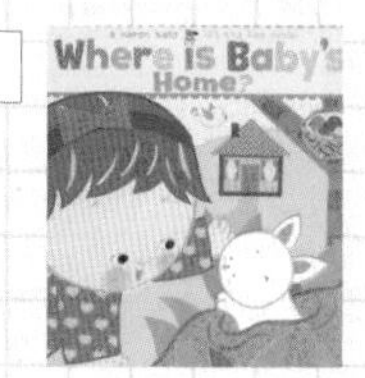

Where Is Baby's Home?: A Lift-the-Flap Book
작가: Karen Katz

- [ ] 

Baby Touch and Feel: Animals
출판사: DK
Best seller 아마존 베스트셀러

- [ ] 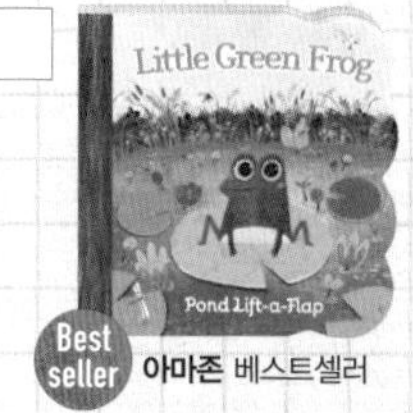

Little Green Frog Chunky Lift-a-Flap Board Book
작가: Ginger Swift
Best seller 아마존 베스트셀러

- [ ] 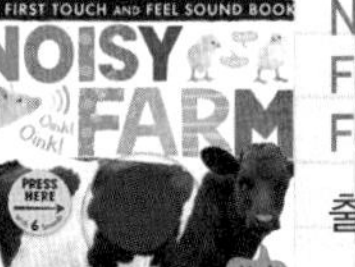

Noisy Farm(My First Touch and Feel Sound Book)
출판사: Tiger Tales

- [ ] 

Little Yellow Bee Chunky Lift-a-Flap Board Book
작가: Ginger Swift

Q: 아이에게 영어 책을 읽어 주려고 하면 우리말로 번역해 달라고 합니다. 어떡하면 좋을까요?

A: '영어 자립'을 주제로 강연할 때마다 받는, 가장 빈도수가 높은 질문 중 하나입니다. 엄마는 영어 울렁증이 있음에도 영어로 읽어 줄 의향이 분명한데, 아이는 떼를 쓰며 우리말로 바꿔서 읽어 달라고 합니다.

처음 영어 책을 접하는 아이가 우리말로 번역해 달라고 하는 것은 당연한 일입니다. 낯설기 때문이지요. 벌써 우리말을 잘하는데 굳이 어렵게 머리 써 가며 새로운 글을 보기가 싫은 것입니다. 그렇다고 우리 엄마들이 포기할 순 없겠지요?

9세 이하의 아이가 영어 책을 읽을 때는 영어를 영어로 받아들이도록 해야 합니다. 초등 고학년(11세)이 되어서 처음 영어를 시작하는 것이 아니라면 방법은 같습니다. 초등 고학년 때 처음 영어를 시작하는 방법에 대한 이야기는 뒤에서 다시 말씀해 드리겠습니다.

영어가 어려운 이유는 어순이 다르고, 단어가 생소하기 때문입니다. 아이들은 단순히 익숙하지 않으니 싫은 것이고요. 그래서 편한 우리말로 읽어 달라고 하는 것입니다.

이런 경우 해결 방안이 있습니다. 책을 읽기 전에 책 표지를 보며 우리말로 아이와 이야기를 나누는 것입니다. 엄마가 아이 몰래 미리 전체적인 줄거리를 한번 훑어본 후, 책장을 넘기면서 그림만 보며 아이에게 전체 줄거리를 살짝 이야기해 줍니다. 그러면 아이는 낯선 언어로 쓰인 책에 대한 두려움을 해제하고, 엄마가 읽어 주는 영어를 귀로 들으며 눈으로 책을 봅니다.

이러한 과정을 반복하면서 Step 1, 2에 나온 동영상도 계속 보여 주세요. 영어와 점점 친해지게 되고, 조금씩 영어 책을 영어로 읽어 주는 것에 익숙해진답니다.

Curious George
AT THE ZOO
PBS KIDS
A Touch and Feel Book

Step 3.

영어 문자를 배워요

Aa

An **airplane** to fly.

오감으로 습득하는 알파벳

목표 | 영어 문자(알파벳) 익히기
시간 | 매일 15분
기간 | 약 6개월
과정 | 노래와 그림으로 즐겁게 알파벳 배우기

영어와 인사한 우리 아이들. 이제 우리 아이가 직접 읽는 리딩reading을 시작해 보자! 리딩의 첫 걸음은 알파벳이다. Step 3에서는 달달 외우기보다는, 그림과 노래, 다양한 알파벳 책으로 즐기는 과정을 통해 오감으로 알파벳을 익히게 된다.

한글을 아직 읽거나 쓰지 못한다고 해서 알파벳 학습을 뒤로 미룰 필요는 없다. 국어는 매일 10시간 이상 쓰는 모국어이므로, 가만 놔둬도 초등학교 1학년 학교 수업만으로 한글 읽기와 쓰기를 떼게 된다. 미리 시작한 아이들은 조금 먼저 읽고 쓰게 될 뿐이다.

알파벳 먼저 배운다고 한글 습득이 늦어지지 않으니 걱정하지 않아도 된다. 앞에서 말한 것처럼 관건은 알파벳을 먼저 배우느냐가 아니라 우리말 책을 얼마나 충분히 읽어 주느냐이다.

Step 3에서는 알파벳을 노래로 만나고 그림으로 그려 보면서 즐겁게 배운다. 영어 문자인 알파벳을 처음 만날 때부터 두려움이 없고 친근하게 느끼도록 하기 위함이다. 처음부터 공부가 아닌 놀이로 인식하게 하는 것이다. 단계를 높여 가며 영어 책을 읽어 주는 한편, Step 3에 수록한 알파벳 익힘 동영상과 책들도 꾸준히 접하게 하자.

노래로 알파벳 만나기

새로운 알파벳 송

〈Alphabet Song〉

우리가 흔히 듣는 알파벳 송과 다른 새로운 노래다. 빠른 리듬, 신나는 멜로디에 맞춰 알파벳을 춤추며 배운다. 음악이 시작되면 알파벳 대문자를 눈에 띄는 색으로 보여 주며 노래로 읽어 주고 소문자를 차례대로 반복한다. 대문자 소문자를 순서대로 모두 읽어 준 후 알파벳 각각의 음가를 알려 준다. 팝송처럼 신나게 듣고 따라 함으로써 알파벳을 익힐 뿐 아니라 기초 파닉스도 맛볼 수 있다.

〈Alphabet song〉
노래 동영상

〈Abc Songs〉

동그란 눈의 파란 기차 밥Bob이 칙칙폭폭 달리면서 알파벳을 차례대로 부른다. 귀여운 두 눈이 달린 알파벳들이 밥의 목소리에 맞춰 차례로 나타난다. 기차 길을 따라 밥이 다시 한번 알파벳들을 부르면 각 알파벳은 "에이A, 비B, 씨C"라고 따라 외치며 알파벳을 읽는 방법을 알려 준다. 활기차면서도 부드러운 음악과 함께 알파벳 하나하나를 노래한다. 알파벳을 여러 번 반복해서 보게 되는데도 지루하지 않다. 기차를 좋아하는 아이들이 거부감 없이 알파벳을 흥얼거리게 만드는 노래다.

〈Abc Songs〉
노래 동영상

아이가 창작하는 **알파벳 그림**

글자를 문자가 아닌 그림으로 인식하게 하는 발상의 전환을 해보자. A, B, C… 무작정 쓰면서 외우지 않고 그림으로 익히게 하는 것이다. 아직 어려서 자유자재로 그림을 그리기 어렵다면 영상만 보여 주고, 그림을 그릴 수 있을 정도로 손 힘이 생겼을 때 그리게 하면 된다. 지금 단계에서 억지로 그리게 할 필요는 없다.

〈A to Z Turn Words into Cartoons〉

알파벳을 이용해 그림을 그리는 영상을 공유한다. A부터 Z까지 알파벳 대문자와 소문자를 쓰고 각각의 알파벳으로 다양한 그림을 그려 나간다. 'a'로 ant(개미)를 그리는 것부터 시작해서 'z'를 이용해 zebra(얼룩말)까지 그린다. 처음 시도할 때는 엄마가 영상을 미리 본 후 아이가 창작하게끔 팁을 주며 유도해도 좋고, 아이가 처음부터 보고 그냥 따라 그려도 좋다. 창작은 모방으로부터 시작된다.

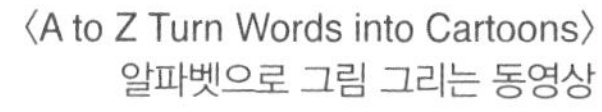
〈A to Z Turn Words into Cartoons〉
알파벳으로 그림 그리는 동영상

자동차 좋아하는 여섯 살 아이의 알파벳 그림

아들아이가 여섯 살 때 영상을 함께 보고 마음대로 그림을 그려 보게 했다. 영상에서 본 것을 모방하기도 하고 창작해서 그리기도 했다. 자동차를 좋아해서 조금은 자동차에 알파벳을 끼워 맞춰 표현한 것을 볼 수 있다. A를 모티브로 그림을 그릴 때 'ant(개미)'나 'alien(외계인)'처럼 꼭 해당 알파벳으로 시작하는 단어에 맞추지 않아도 된다. 일단 알파벳 자체가 쉽고 만만하게 느껴져야 하므로 아이가 그리고 싶은 대로 그리고 놀아 보게 한다.

둘째아이가 그린 알파벳 그림

보기만 해도 알파벳이 쏙쏙!
알파벳 익힘 책들

알파벳을 노래와 그림으로 만나 보았다. 이제부터 알파벳 음가(발음)를 책으로 익숙해지게 한다. 매일매일 하루에 한 권 이상 읽어 주는 것이 좋다. 같은 책을 여러 번 반복해서 읽어도 무방하다. 《Alpha Block》을 두 번 읽었다면 두 권 읽은 것이 되는 것이다.

《Alpha Block》 작가: Christopher Franceschelli

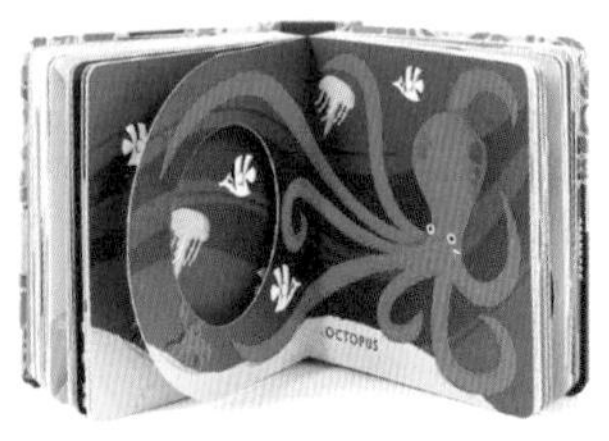

첫 번째 책은 알파벳 대문자를 부담 없이 흡수할 수 있는 《Alpha Block》이다. 한 페이지에 가득 차게 쓰여 있는 커다란 알파벳. 아이는 책을 펴자마자 A, B, C… 문자 모양을 머리에 새긴다. 알파벳 모양대로 구멍이 뚫려 있는 책장을 넘기면 각각의 알파벳으로 시작되는 단어와 그림이 나온다. 그림이 간결하고 명확해서 영어를 처음 본 아이도 바로 의미를 알 수 있다. 아래에 원어민 어린이가 읽어 주는 동영상을 공유하니 자주 보여 주자.

책 크기가 장난감처럼 앙증맞고 그림이 귀여워서 아이들이 친근감을 느끼며 손에 잡게 되는 알파벳 익힘 책이다. 책을 가지고 다니며 엄마 아빠도 자주 반복해서 읽어 주자. 어느 순간, 엄마가 "A is for~(A는~)"라고 말한 뒤 기다리면 "Apple(사과)"이라고 자신 있게 말하는 아이의 목소리를 듣게 될 것이다.

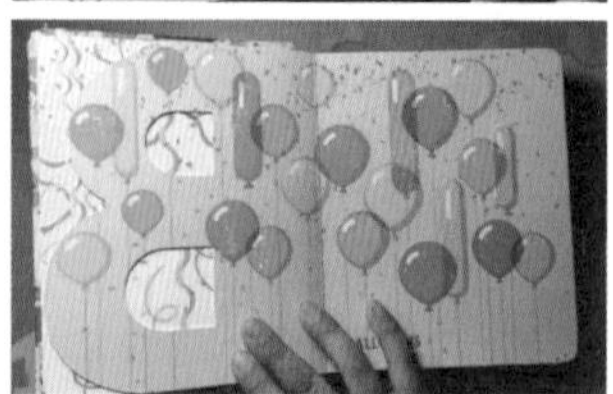

《Alpha Block》 읽어 주는 동영상

《Me! Me! ABC》 작가: Harriet Ziefert

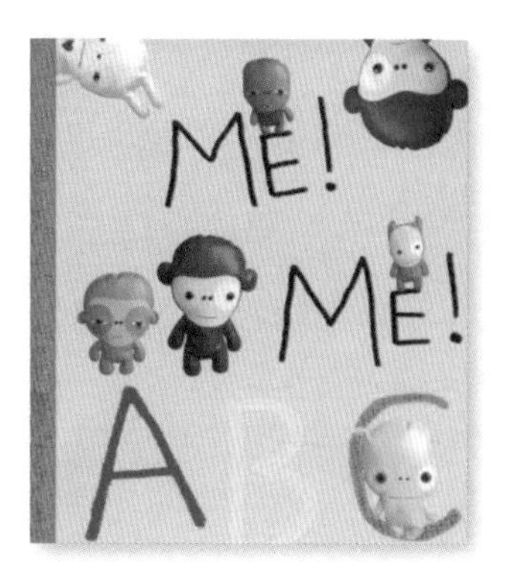

두 번째 책은 잘 알려져 있는 《Me! Me! ABC》다. “Call me(전화해)”, “Dance with me(나랑 춤춰 줘)”와 같이 알파벳 순서대로 문장이 시작하고 모두 ‘me(나)’로 끝난다. 문장은 2개 혹은 3개의 단어로만 구성돼 있다. 문장이 쉽고 유용해서 실생활에서 활용 가능하고, 엄마도 즐겁게 읽어 줄 수 있다. 아이가 아직 영어를 못 읽더라도 엄마가 읽어 주고 따라서 말해 보게 한다.

《Dr. Seuss's ABC : An Amazing Alphabet Book!》 작가: Dr. Seuss

영어를 처음 시작하는 아이들의 필독서 닥터 수스의 작품이다. 닥터 수스 박사의 저서는 미국 아이들이 알파벳을 배울 때 가장 많이 읽는 책 중 하나다. 아래 동영상은 그림책 《Dr. Seuss's ABC》를 한 장 한 장 빠짐없이, 처음부터 끝까지 애니메이션으로 만든 것이다. 책 속의 그림들이 살아 움직인다. 책을 넘기며 알파벳 대문자와 소문자를 반복해서 읽어 보게 된다. 단순히 A, B, C만 익히는 것을 넘어 각각의 알파벳으로 시작하는 단어들을 신기하고 흥미로운 의미가 되도록 문장으로 연결하였다.

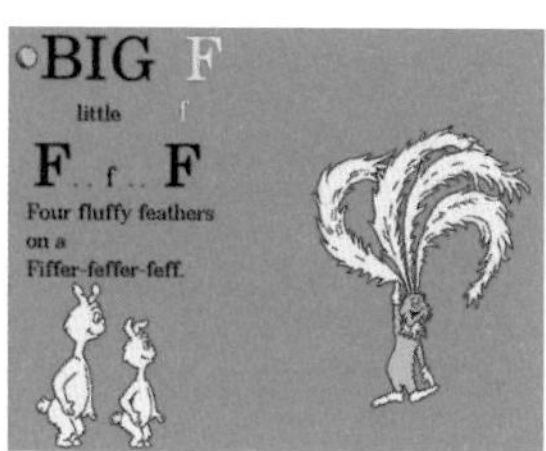

《Dr. Seuss's ABC》를 애니메이션으로 구성하여 읽어 주는 동영상

《Happy Alphabet! (Step into Reading Step1)》

작가: Anna Jane Hays

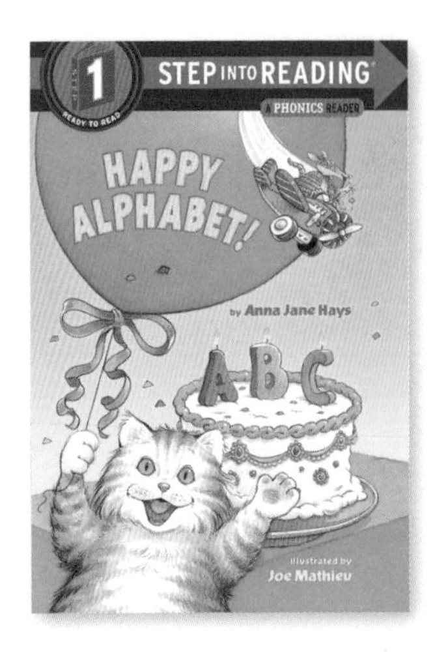

세 번째 베스트 알파벳 읽힘 책은 《Happy Alphabet!》이다. 알파벳 대문자와 소문자를 정직하게 보여 준다. 페이지마다 대문자, 소문자가 나란히 쓰여 있고 각 알파벳으로 시작하는 단어가 등장한다. 아이들이 좋아하는 비행기, 풍선, 고양이, 케이크, 공룡, 요정 등을 이용해 간략한 문장을 소개한다. 문장의 의미와 주요 단어가 그림으로 표현돼 있어서 그림만 보아도 의미를 알 수 있다. 부모가 읽어 주되 아이가 직접 책장을 넘기며 보게 한다.

《Chicka Chicka Boom Boom》

작가: Bill Martin Jr. & John Archambault

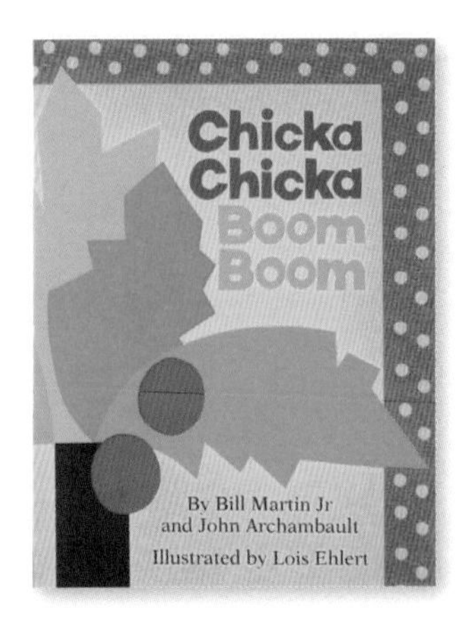

알파벳 소문자를 중심으로 놀아 보는 그림책이다. a가 코코넛 나무 위로 올라가며 b를 부르고, b는 c를 부른다. 알파벳들이 차례로 나무 위로 올라간다. 뒤따라 올라가는 d, e, f, g는 서로 빨리 올라가려고 속도를 내지만 순서대로 나무를 탄다. 26개의 알파벳이 모두 나무 꼭대기로 올라가서는 우르르 내려왔다가 부딪치고 뒤엉키면서 문자들이 살아 있는 듯 움직인다. 해가 지고 달이 뜨면서 알파벳 놀이가 반복된다. 책을 애니메이션으로 구성하여 노래로 불러 주는 영상을 공유한다. 빠른 박자로 책을 읽어 줘서 아이들이 신나게 따라 하게 되므로 자주 보여 주고 알파벳과 놀아 보게 하자.

《Chicka Chicka Boom Boom》을 애니메이션으로 구성하여 노래로 불러 주는 동영상

STEP 3
우리 아이가 꼭 읽어야 할 강력 추천, **알파벳 그림책 5!**

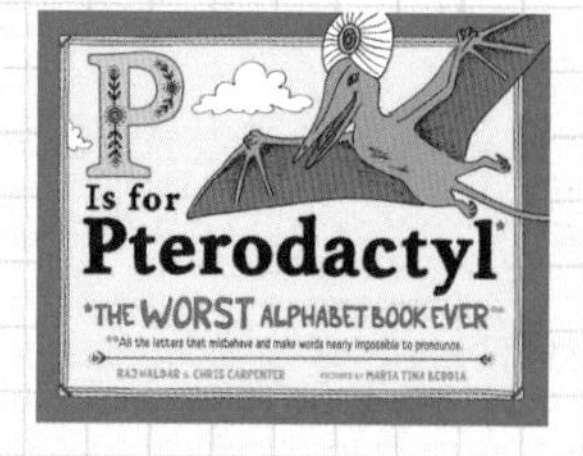

P Is for Pterodactyl: The Worst Alphabet Book Ever

작가: Raj Haldar

아마존 베스트셀러

뉴욕타임스 베스트셀러

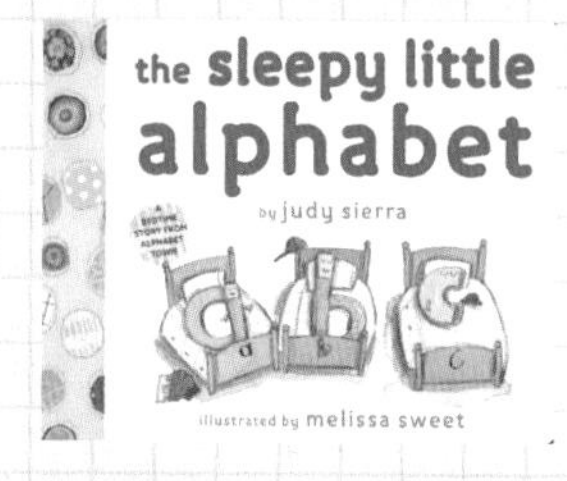

The Sleepy Litte Alphabet (Paula Wiseman Books)

작가: Judy Sierra

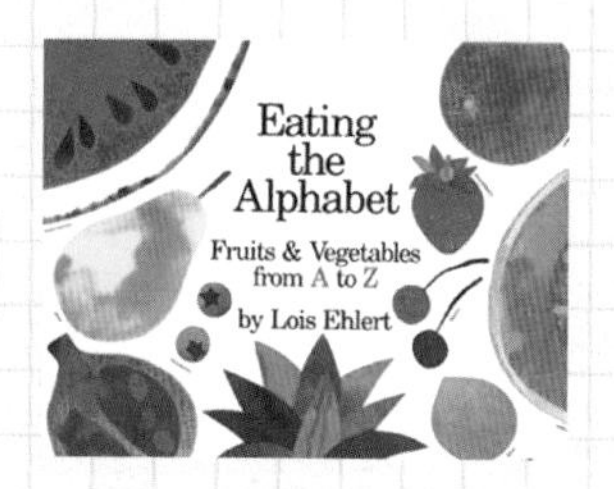

Eating the Alphabet

작가: Lois Ehlert

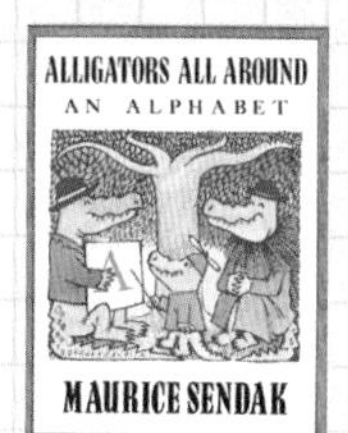

Alligators All Around

작가: Maurice Sendak

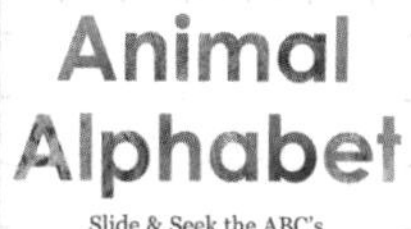

Animal Alphabet (flab book)

작가: Alex A. Lluch

Q: 책 좋아하는 아이로 키우려면 어떻게 해야 하나요?

A: 간혹 이렇게 말씀하시는 분이 있습니다. "우리 애는 나가서 노는 것만 좋아하고, 타고나길 책 읽는 거하고는 담을 쌓았나 봐요." 아이마다 성향이 있습니다. 아무래도 정적인 아이들이 책하고 가까워지기가 더 쉽겠지요. 하지만 활동적인 아이라고 책을 좋아하지 않는 것은 아닙니다. 밖에서 에너지를 발산하고 나면 집중해서 책을 읽기도 합니다.

저는 '타고나게 말을 잘하는 아이는 있어도, 책 읽기 좋아하는 성향을 가지고 태어나는 아이는 없다'고 생각합니다. 스피킹speaking의 경우는 우리말을 배우는 어린아이든, 외국어를 배우는 어른이든 타고난 소질이나 성향에 따라 습득력에 차이를 보이는 경우를 자주 보게 됩니다. 하지만 책 읽기는 다릅니다. 왜냐하면 부모의 노력에 따라 얼마든지, 성향에 관계없이 책 좋아하는 아이로 키울 수 있기 때문입니다.

우리 아이가 스스로 책 읽기를 즐기는 아이로 자라기를 바라나요? 그럼 엄마는 책 읽지 마세요. 책 읽는 아이로 키우겠다고 안 좋아하는 책 억지로 붙들고 있지 말고, 아이에게 하루 10분이라도 매일 책을 읽어 주세요. 사람들이 말합니다. "아이에게만 책 읽으라고 하지 말고 엄마가 읽는 모습을 보여 줘라." 반은 맞고 반은 틀립니다. 엄마가 책 읽는 모습만 보인다고 아이 스스로 책 읽지 않습니다. 엄마 또는 양육자가 아이를 안아서 무릎에 앉히고 책을 '읽어 주어야' 합니다. 아이에게 책 읽어 주지 않고 엄마만 책 읽고 있으면, 아이는 어느새 저쪽에서 스마트폰 붙잡고 있을지 몰라요.

첫아이가 유치원 다닐 때 광고 회사를 다녔습니다. 아이를 돌봐 줄 입주 도우미를 고용할 수밖에 없었죠. 그리고 그분께 딱 두 가지만 부탁드렸습니다. "청소 안 해도 되니 책 읽어 주시고, TV는 켜시면 안 됩니다." 착하신 분이었어요. 제 말을 정말 잘 들어주셨습니다. 집에 오면 거의 매일 아주머니가 아이를 무릎에 앉혀 놓고 책을 읽어 주고 계셨습니다. 물론 집 안은 난장판이었죠. 살림해 주시는 것도 일에 포함되었지만, 청소도 별로 안 하시고 밥을 해도 일주일에 한두 번 밥통 뚜껑에 밥풀이 붙을 정도로 밥솥 가득 하셨습니다. 그래도 저는 그분 추천합니다.

하루 종일 책을 읽어 주신 덕에 큰아이는 책을 엄청나게 좋아하는 아이, '문자 중독'인 아이로 자랐습니다. 우리말 책을 많이 읽다 보니 영어 책도 쉽게 좋아하게 되었고요. 일단 우리말 책을 많이 읽어 주세요. 책을 좋아하면 영어 책도 자연스럽게 잡게 됩니다. 말을 잘하고 못하고는 타고난 성향에 달려 있을지 모르나, 책을 잘 읽고 안 읽고는 부모의 노력이 90%를 차지한다고 생각합니다.

꼭 엄마가 읽어 주지 않아도 됩니다. 누구든 집중해서 읽어 주기만 하면 됩니다. 어떻게든 열 살, 초등 저학년 이전에 책을 자주 접할 수 있는 환경을 만들어 주고 책을 읽어 주세요. 그러면 아이는 책 좋아하는 어른으로 성장하게 됩니다.

Step 4.

한 줄짜리 그림책

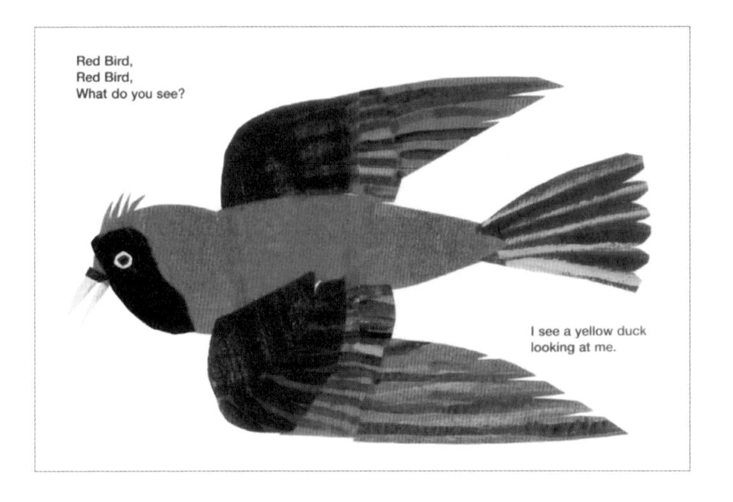
Red Bird,
Red Bird,
What do you see?
I see a yellow duck
looking at me.

그림 많은 책으로 만만하게 시작하기

매일매일 아이에게 영어 책을 만져 보고 읽어 보는 즐거움을 만끽하게 해주었다면, 성공적인 시작을 한 것이다. 아이가 영어 책을 접하기 시작할 때 좋은 첫 인상만 갖게 해도 반은 성공한 것이나 다름없기 때문이다. 지금까지 읽어 주면서 아이가 특히 좋아했던 책은, 늘 그래 왔듯이 아이가 책장을 넘기게 하고 엄마가 생생하게 읽어 주자. 같은 책을 반복해서 읽어 주다 보면 엄마도 지겨울 때가 있다. 하지만 처음 읽는 것처럼 신나게 읽어 줘야 한다. 그래야 아이도 집중해서 듣고 본다.

지금까지 체험과 느낌으로 영어 책을 만나 보았다면, 이제 글자가 중심이 되는 영어 책으로 들어서려고 한다. 영어 문자를 눈에 익히고, 소리가 귀에 쌓이는 한 줄짜리 그림책이다. 영어 문자가 주인공인 책에 좋은 느낌을 가지게 하려면 어떻게 해야 할까? 정답은 생각보다 단순한 곳에 있다. 책이 쉽고 재미있어야 한다. 한마디로, 만만해야 한다! 영어 문자에 대해 두려움이 생기지 않도록 부담이 없어야 한다.

알파벳을 익히고 바로 읽기 시작하는 책은, 글을 읽지 않아도 그림만으로 내용을 유추할 수 있도록 그림이 가득한 책이 좋다. 그림은 만국 공통어이고 아이의 상상력을 자극하는 가장 좋은 재료다. 그림이 많은 책으로 영어 책 읽기를 시작하면 아이가 낯선 영어에 대해 두려워하지 않고 쉽고 편안하게 받아들일 수 있다.

Step 4에서는 특히 독특한 그림으로 아이들의 마음을 사로잡는 작가들의 책을 풍부하게 담았다. 대담하면서도 세밀한 묘사, 지식과 흥미를 함께 주는 그림책으로 유명한 에릭 칼, 피카소처럼 그림만 봐도 작가를 알 수 있는 개성 넘치는 그림책 작가 앤서니 브라운, 데이비드 시리즈로 칼데콧상과 뉴욕타임스 최고의 그림책 상을 탄 데이비드 섀넌 등, 우리나라에서도 인기가 높아 번역본이 나와 있는 작가들의 책 중에서 한 줄짜리 책을 중심으로 구성하였다.

그럼 이제 우리 아이 영어 그림책, 그림이 90%를 차지하고 한 줄 정도의 글이 있는 책부터 들어가 보도록 하자.

하루 15분 영어 그림책 만나는 시간

목표 | 한 줄짜리 영어 그림책 거부감 없이 만나기

시간 | 매일 15분

기간 | 약 6개월

과정 | 두 번 읽기

1) CD를 들으며 책 보기 또는 부모가 읽어 주기

2) CD를 들으면서 소리에 맞춰 손으로 단어 짚으며 읽기. 단어는 부모가 짚어 준다

특별활동 | 영어로 듣고 보며 그림 배우기

Step 4부터는 영어라는 언어를 읽기 위해 적극적으로 교감하는 것이 필요하다. 이제부터는 꾸준히, 매일매일 영어와 만나는 것이 더욱 중요하다. 지금까지는 노래가 주를 이루었지만, Step 4부터는 리딩reading이 주를 이루므로 엄마도, 아이도 좀 더 노력이 필요하다. 영어와 적극적으로 만나는 시간을 의무적으로 매일 15분 이상 확보하는 것이 좋다.

그날그날 주어진 일들을 끝내고 영어 책을 보려 하면 건너뛰는 날이 생긴다. 이제부터는 시간을 정해 놓고, 대충 넘어가는 일이 없도록 진행하자. 예를 들면 '저녁 먹고 15분', '피아노 학원 가기 전 무조건 15분' 등과 같이 노출 시간뿐 아니라 정확한 시작 시각을 정해 놓고 읽도록 한다. 유념해야 할 점은 동영상을 틀어 놓고 흘려듣는 시간이 아니라, 집중해서 영어와 만나는 시간이 최소 15분이라는 점이다.

CD로 들으면서listening (또는 부모가 읽어 주면서) 아이는 눈으로 글자를 보는 것reading이 동시에 이루어져야 한다. 영어를 아직 읽지 못하더라도 영어 문자가 눈에 익숙해지도록 해야 하기 때문이다. 눈과 귀로 적극적으로 영어와 만남으로써 아이 몸에 영어가 조금씩 배도록 하는 방법이다.

아이들은 집중 시간이 길지 않으므로 집중적으로 책을 보는 것은 15분을 넘지 않도

록 한다. 이후 추가 시간은 거부하지 않는 선에서 자연스럽게 아이의 마음에 맞추어 진행한다. 억지로 시간을 늘리는 것은 역효과를 낼 수 있다.

과정을 들여다보자.

같은 책을 2회 반복해서 읽는다.

우선 CD를 들으면서 (또는 부모가 읽어 주면서) 아이가 눈으로 처음부터 끝까지 1회 본다. 아이가 먼저 질문을 하지 않으면 일일이 단어의 의미를 설명하지 않고 첫 페이지부터 끝 페이지까지 끊지 않고 읽는다. 같은 페이지 안에서는 읽어 주는 단어와 눈으로 따라서 보는 단어가 딱 맞지 않아도 괜찮다. 처음부터 끝까지 전체 스토리를 보는 것이 중요하다. 그래야 아이가 이야기의 전개 과정에 집중하고 재미를 느낀다. 멈추지 않고 계속 읽어 준다.

두 번째 읽을 때는 CD 소리에 (또는 부모가 읽어 주는 소리에) 맞춰 손가락으로 단어를 짚어 주며 책을 보게 한다. 문장이 한두 줄 정도이고 그림이 대부분을 차지하는 그림책이므로 손으로 짚어 주며 읽는 것이 크게 부담스럽지 않다. 하지만 그것도 매번 하기는 어렵다. 너무 자주 하면 부모도, 아이도 지칠 수 있으므로 하루에 한 권, 한 번만 한다.

이 시기의 책은 글자가 크고 10여 페이지 정도이므로 두 번 연속 읽어 줘도 15분을 넘지 않는다. 15분간 집중 노출한 후에 아이가 또 읽고 싶다고 하면 다시 읽어 준다. 언제든 아이가 책을 보고 싶어 할 때는 자주 보여 주고 읽어 준다.

거듭 강조하지만, 한 줄짜리 그림책은 단순한 문장이 반복되고 그림만으로 내용을 유추할 수 있는 만만한 책이어야 한다. 아이들이 거부감을 느껴서는 안 되기 때문이다. 재미는 기본이다.

처음 만나는 영어 그림책. 하루 15분씩, 6개월간 꾸준히 진행해 보자. 《해리포터》를 술술 읽게 되는 마법은 한 줄짜리 그림책으로부터 시작된다.

에릭 칼의 한 줄짜리 책들

세계에서 가장 저명한 그림책 작가 에릭 칼Eric Carle의 작품을 노래와 책으로 만나 보자. 에릭 칼은 70여 권이 넘는 그림책을 펴냈고, 대부분의 책이 베스트셀러다. 에릭 칼 시리즈는 리듬감 있는 단어로 구성돼 있어 영어의 글맛을 느끼며 말을 배울 수 있다. 독특한 그림체와 선명한 색감도 아이들의 눈을 사로잡는다. 곤충과 동물에 대한 지식을 쌓을 수 있는 내용부터 아이들이 주인공인 따뜻한 이야기까지 주제도 다양하다. 책을 읽어 주는 동영상과 더불어 한 장 한 장을 노래로 불러 주는 영상도 수록하였다.

《The Very Hungry Caterpillar》

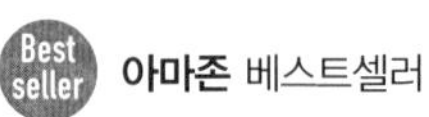

아마존 베스트셀러

워낙 유명한 책이라서 우리말 번역서도 많이 읽힌다. 1969년 출간된 이래 62개 국어로 번역되었고 50년이 지난 지금도 아마존 베스트셀러다. 전 세계에서 30초에 한 권씩 팔린다고 할 정도로 재미가 검증된 책이다. 알에서 깬 배고픈 애벌레가 일주일 동안 여러 가지 음식을 먹으며 나비가 되기까지의 모습을 투박하면서도 정교한 그림으로 보여 준다. 알에서 시작해 나비가 되는 과정을 자연스럽게 알게 되고 숫자 세는 법까지 덤으로 배우게 된다.

《The Very Hungry Caterpillar》를
노래로 읽어 주는 동영상 

《From Head to Toe》

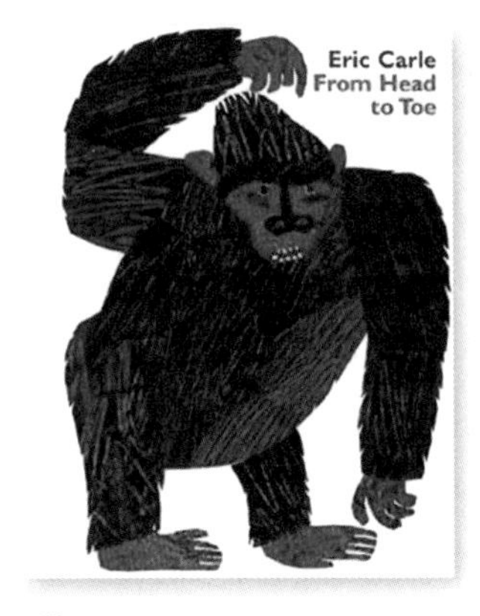

아이들이 집중해서 보며 스스로 몸을 움직이게 하는 그림책이다. 동물들의 특징적인 움직임을 간단하면서도 정확하게 보여 준다. 기린이 목을 구부리고, 원숭이는 팔을 흔들고, 바다표범이 박수를 치며 "Can you do it?(할 수 있니?)"라고 물으면 아이도 "I can do it(나는 할 수 있어)" 하며 행동을 따라 한다. 아들아이가 네 살 때 온몸으로 따라 했던 책이다. 나중에는 책을 통째로 외워서 혼자 읽게 되었다. 수십 년간 전 세계 아이들의 애장 도서였고, 현재도 아마존 베스트셀러다.

아마존 베스트셀러

《From Head to Toe》를 노래로 불러 주는 동영상

《Brown Bear, Brown Bear, What Do You See?》

갈색 곰brown bear은 빨간 새red bird를 보고, 빨간 새는 노란 오리yellow duck를 보고 노란 오리는 파란 말blue horse을 본다. 형형색색의 동물들이 서로를 보며 페이지마다 동물들의 행진이 이어진다. 동물 그림과 색이 아이들에게 강렬한 인상을 주고, 반복해 읽음으로써 동물 이름과 색깔을 영어로 알게 된다. 동물 이름을 처음에 두 번 말해 주고, "What do you see?(무엇을 보고 있니?)"가 반복된다.

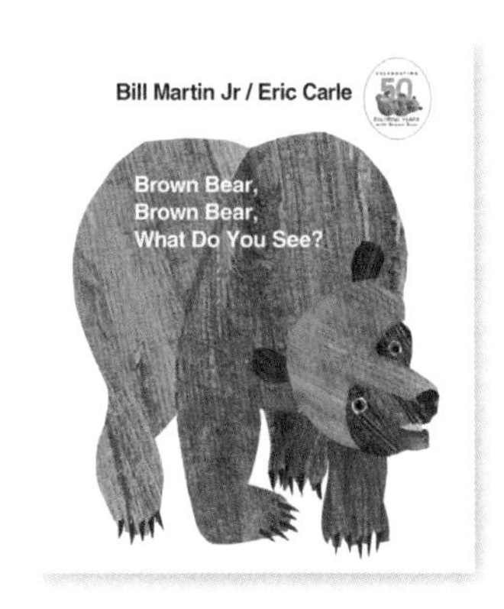

이 문장을 일상생활에서 써보는 것도 좋다. 엄마가 "What do you see?" 물으면 아이는 우리말로 답하거나 손가락으로 가리킨다. 그리고 역할을 바꿔 아이가 묻고 엄마가 답한다. 이때 엄마는 단순한 영어로 답해도 된다. 놀이를 할 때 여러 단어를 한꺼번에 알려 주고 싶은 욕심은 버려야 한다. '영어로 말하는 것이 재미있다'라는 것을 알려 주자. "What do you see?"를 외우게 되는 것은 덤일 뿐이다.

《Brown Bear, Brown Bear, What Do You See?》 책 읽어 주는 동영상

앤서니 브라운의 한 줄짜리 책들

한국에도 방문했던 영국의 그림책 작가 앤서니 브라운Anthony Browne의 그림책을 만나 보자. 앤서니 브라운은 칼데콧상Caldecott Medal과 더불어 그림책의 노벨상이라 불리는 안데르센상Hans Christian Andersen Award을 수상한 그림책 작가다. 작가의 책들 중 아이들이 특히 좋아하는 한 줄짜리 그림책을 뽑아 봤다.

《I Like Books》

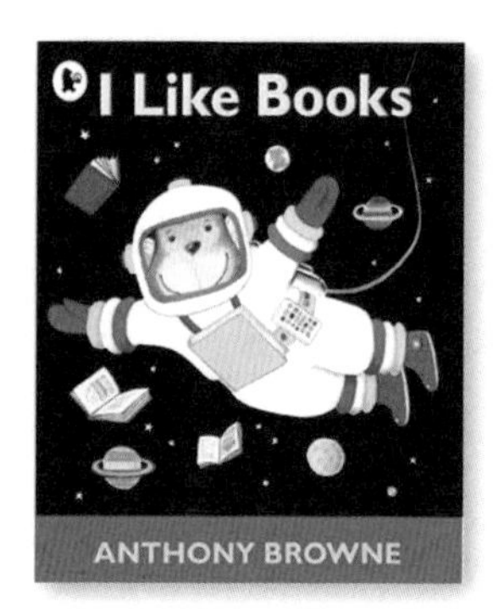

명확한 그림에 두 개의 단어로 대상을 충분히 표현한다. '재미있는 책funny books', '무서운 책scary books', '괴물과 해적에 관한 책books about monsters and pirates' 등 그림만 봐도 어떤 책을 말하는지 알 수 있다. 간단한 그림에서도 작가의 그림 세계가 느껴진다. 책을 처음부터 끝까지 움직이는 그림으로 구성하여 친절하게 읽어 주는 동영상을 공유한다. 영상도 보고 책도 읽어 보자.

《I Like Books》를
움직이는 그림으로 보여 주며
읽어 주는 동영상

《My Dad》

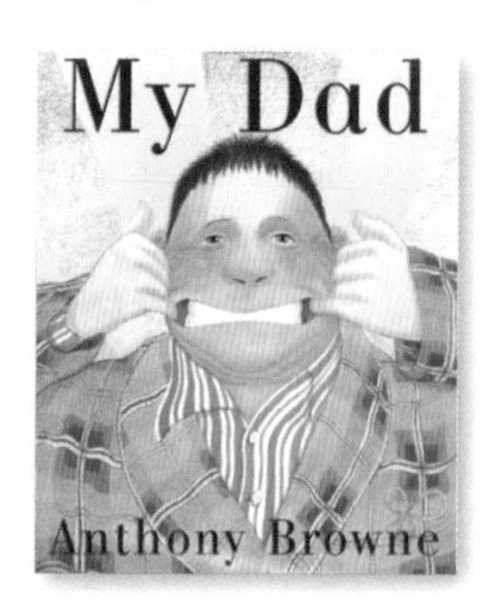

아이에게 아빠란 존재는 무엇일까? 비록 잠옷을 입은 평범한 아빠지만 세 살 아이에게 아빠는 이 세상 전부일 것이다. 아이 눈에 아빠는, "아무것도 두려워하지 않고My dad isn't afraid of anything", "달을 뛰어 넘을 수도 있고He can jump right over the moon", 달리기도 1등, 노래도 잘한다. 아빠에 대한 아이의 순수한 존경과 사랑이 담긴 책이다.

《My Dad》 책 넘기며
노래로 읽어 주는 동영상

데이비드 섀넌의 한 줄짜리 책들

데이비드 섀넌David Shannon이 쓰고 그린 책들은 수많은 상을 받았다. 《No, David!》는 칼데콧 명예상을 받았으며, 미국도서관협회 선정 '주목할 만한 책', 뉴욕타임스 선정 '최고의 그림책'으로 선정되었다. 자기표현이 서툰 아이들의 속마음을 기발한 상상력과 풍부한 색채로 담아낸 데이비드 섀넌의 한 줄짜리 책들을 만나 보자.

《No, David!》

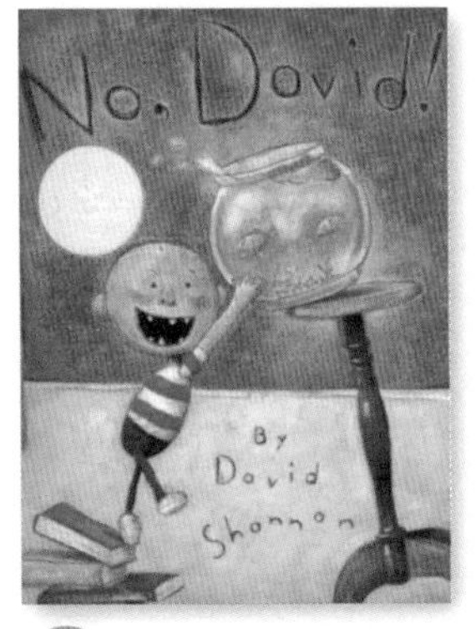

칼데콧상 수상작

장난꾸러기 남자아이의 일상을 그대로 옮겨 와서 아이들이 자기 이야기인 양 읽는다. 삐뚤삐뚤한 글씨, 익살스러운 그림은 주인공 데이비드가 쓴 그림일기를 보는 것 같다. 진흙 묻은 발로 방에 들어오는 모습, 의자에 위험하게 올라가 물건을 잡으려는 모습 등이 나오고 "No, David!(안 돼, 데이비드!)"가 반복된다. 엄마한테 하루 종일 꾸중을 듣지만 그래도 밤이 되면 엄마의 사랑 속에 곤하게 잠이 든다.

《No, David!》를
움직이는 그림으로 구성하여
읽어 주는 동영상

《David Goes to School》

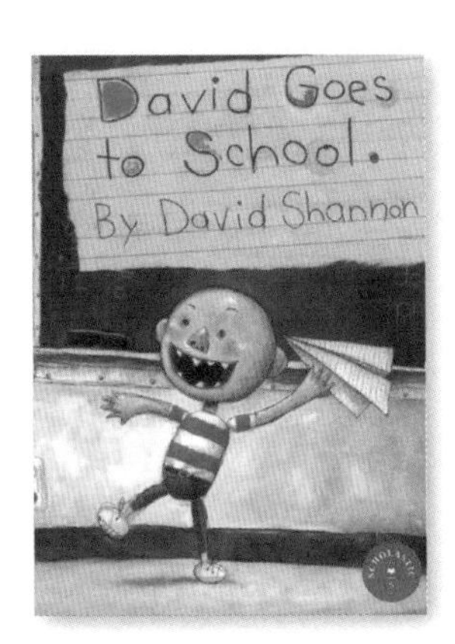

데이비드는 넘치는 에너지를 주체하지 못해 학교에서도 말썽을 부리기 일쑤다. 과장되고 우스꽝스럽게 묘사된 그림은 아이들이 책을 보며 크게 웃게 만든다. "Sit down, David!(앉아, 데이비드)", "Wait your turn(순서를 기다려)"와 같이 간단하면서도 일상생활에서 많이 쓰이는 문장으로 되어 있다. 책을 움직이는 그림으로 구현한 영상을 공유한다.

《David Goes to School》을
움직이는 그림으로 구성하여
읽어 주는 동영상

《It's Christmas, David!》

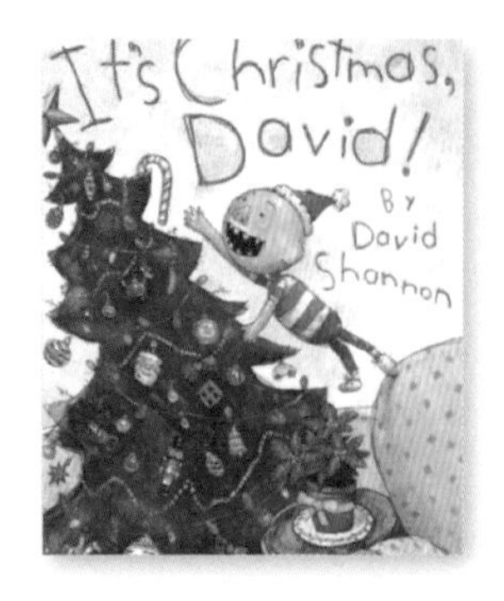

크리스마스에도 데이비드의 장난은 계속된다. 크리스마스라서 평소보다 더 들떠 있는 데이비드. "No. Peeking!(훔쳐보기 없기)" 라는 말을 반복해도 선물을 미리 보려다 의자에서 넘어진다. 벌거벗은 모습으로 뛰어다니는 데이비드의 모습을 보고 웃지 않는 아이들이 없다. 재미에 공감도 100%인 데이비드 시리즈는 처음 영어 책을 보는 아이들이 영어 그림책에 대한 친근감을 갖게 해준다.

《It's Christmas, David!》를
움직이는 그림으로 구성하여
읽어 주는 동영상

《옥스퍼드 리딩트리》 시리즈

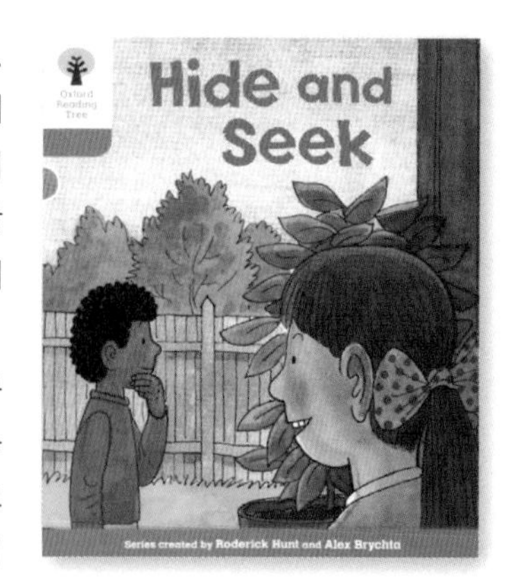

영국의 대표적인 읽기reading 향상을 위한 그림책이다. 《옥스퍼드 리딩트리Oxford Reading Tree》 시리즈로, 줄여서 'ORT'라고 한다. 아이들의 일상생활을 탐구하여 스토리가 짜임새 있게 구성되어 있다. 쉬운 문장으로 시작해 단계가 올라갈수록 어휘 수가 늘어나고 문장 구조가 복잡해지며 문장의 길이도 늘어난다.

같은 등장인물이 나오고 이야기가 연결돼 있어서 1단계부터 12단계까지 자연스럽게 난이도를 높여 가며 읽게 되는 것이 특징이다. 또한 인물의 표정과 배경이 상세하게 그려져 있어, 그림을 통해 문장의 의미를 예측하고 이야기를 쉽게 이해할 수 있다. 그림이 명확한 책을 읽으면 아이들이 좀 더 빠르게 스토리에 집중하게 되는 장점이 있다.

1단계의 대표 책 《Hide and Seek》(작가: Roderick Hunt)을 엄마나 아빠가 읽어 준다. "Can you see us?(우리를 볼 수 있니?)", "Can you see me?(나를 볼 수 있니?)"가 반복되고 그림을 통해 상황을 알 수 있다.

《스텝 인투 리딩 스텝1》 시리즈

《스텝 인투 리딩 스텝 1Step into Reading Step 1》 시리즈는 첫 장부터 깜찍한 그림과 익숙한 캐릭터가 등장해 아이들의 시선을 사로잡는다. 그림이 90%를 차지하고 3개 단어로만 구성된 짧은 문장이 반복된다. 익숙하고 쉬운 단어가 반복되므로 듣고 따라 하기가 쉽다. 총 35권으로 구성돼 있다. 아래 책들을 먼저 살펴보고 아이가 좋아하는 캐릭터가 나오는 책으로 더 보여 준다.

《B is for Books》 작가: Annie Cobb

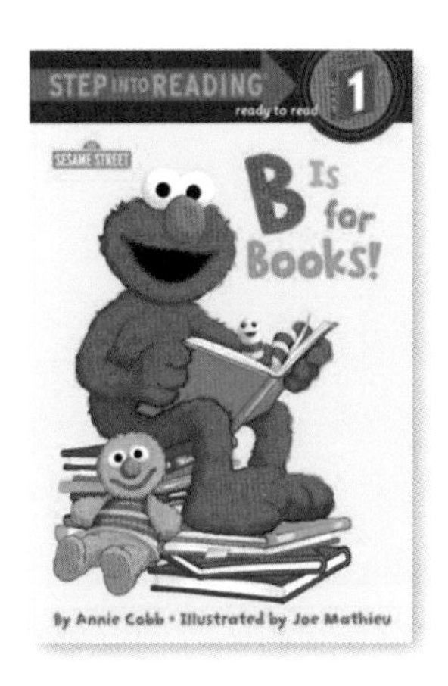

미국의 어린이 교육 프로그램 〈새서미 스트리트Sesame Street〉의 주요 캐릭터인 엘모Elmo가 주인공으로 등장한다. "Books about cooks(요리에 관한 책)", "Books about birds(새에 관한 책)", "Books about words(어휘에 관한 책)"와 같이 'Books about'에 새로운 단어가 추가되어 문장이 만들어진다. 친근감 있는 엘모 인형을 함께 보여 주며 읽게 하면 아이들이 더욱 관심을 기울일 것이다.

《B is for Books》 읽어 주는 동영상

《Hot Dog》 작가: Molly Coxe

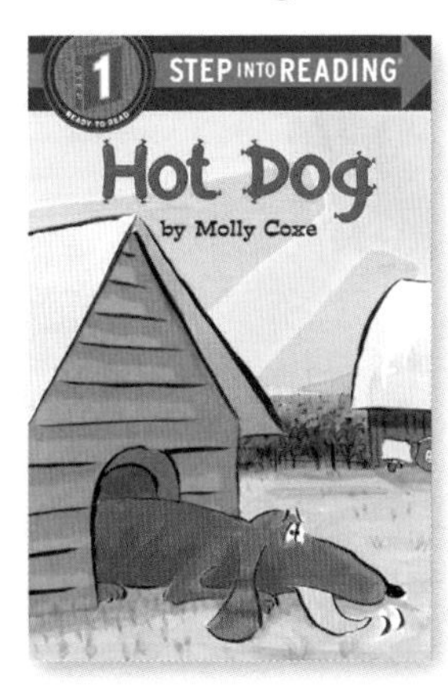

"Dog is hot(개는 더워)", "Mom is not(엄마는 아니야)", "Dog is hot(개는 더워)", "Cat is not(고양이는 아니야)"처럼 동일한 문장 구조에서 단어가 바뀌면서 문장이 반복된다. 별도 설명이 필요 없이 그림으로 문장의 내용을 이해할 수 있다. 자주 반복해서 읽어 주면 영어로 말하는 것에 익숙해지며 응용하는 법도 배우게 된다.

《Hot Dog》 읽어 주는 동영상

《I Like Bugs》 작가: Margaret Wise Brown

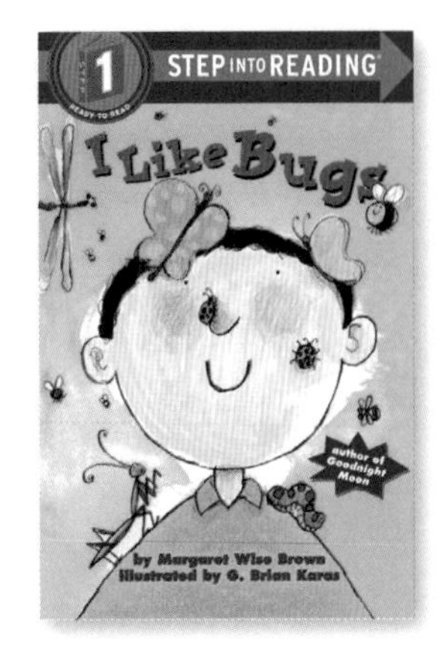

"I like~(나는 ~를 좋아한다)"를 반복하며 곤충을 다양한 형용사로 묘사하는 그림책이다. "Bad bugs(나쁜 곤충)", "mean bugs(심술궂은 곤충)", "a bug in a rug(양탄자에 있는 곤충)", "a bug in the grass(잔디에 있는 곤충)", "a bug in a glass(유리잔 안에 있는 곤충)", "round bugs(동그란 곤충)", "shiny bugs(반짝이는 곤충)" 등 다양한 곤충의 외양을 묘사하고 곤충의 특성, 서식 장소, 환경을 깜찍한 그림으로 보여 준다. 아이들이 쉽게 따라 하며 "I like~"라는 유용한 표현에 익숙해진다.

《I Like Bugs》
읽어 주는 동영상

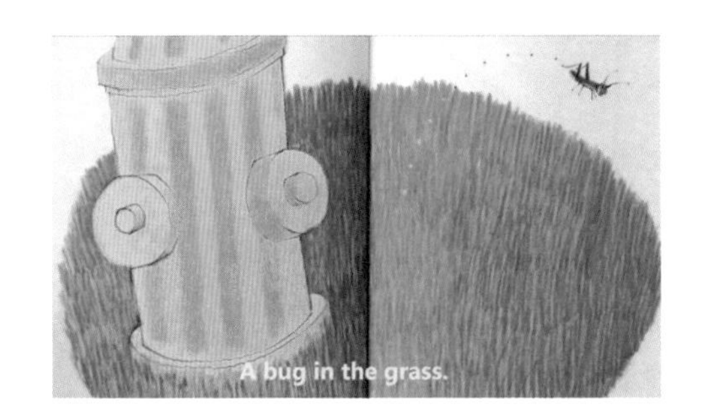

〈Louie Draw Me〉
동영상

특별활동 영어로 그림 배우기

영국 BBC에서 제작해 인기를 모으고 우리나라 EBS에서도 방영된 바 있는 〈Louie draw me(그림 그려줘 루이)〉와 함께 그림 그리기를 배워 보자. 재간둥이 토끼 루이Louie가 차근차근 그림 그리는 법을 가르쳐 준다.

그림의 주제마다 이야기가 있고 이야기 속에서 문제를 해결하기 위해 필요한 것이 무엇인지 생각해 내는데, 이때 루이가 필요한 것들을 그림으로 그린다. 스토리만으로도 재미있어서 아이들이 좋아한다. 공주, 성, 동물, 새, 무지개, 자동차, 집, 건물, 꽃 등 못 그리는 그림이 없다.

그림을 부분으로 나눠서 천천히 그리는 방법을 보여 준다. 동그라미, 네모, 길게, 짧게 등 쉬운 단어로 알기 쉽게 설명해 주므로 누구나 할 수 있다. 둘째 아이는 〈Louie draw me〉로 영어뿐 아니라 그림 그리는 방법도 배웠다.

동물을 그릴 때는 눈, 코, 겹쳐 보이는 다리, 둥그런 몸통, 나선형의 꼬리까지 단계별로 그리는 방법을 설명한다. 아이가 따라 하기 어려운 부분을 그릴 때는, 영상을 일시 정지한 후 정지 화면을 보고 그리게 하는 방식으로 진행하면 어린아이도 무리 없이 따라 그릴 수 있다.

반복되는 문장, 등장하는 동식물, 물건의 이름도 자연스럽게 익히게 되는 유용한 프로그램이다. 자주 활용하여 영어에 대한 재미를 붙이고 그림 그리기도 배워 보자. DVD로도 나왔지만 유튜브에 무료 동영상이 충분히 올라가 있으므로 무료 영상을 이용하자 . 유튜브에서 'Louie draw me'로 검색하면 된다. 시청할 때는 큰 화면이 보기 쉬우므로 스마트폰보다는 컴퓨터를 이용하는 것이 좋다. 아래 QR코드로 여러 개의 에피소드를 볼 수 있다.

검소한 보상은 책 읽기 습관의 원동력

아이가 처음 영어 책을 읽기 시작하는 시기이므로, 영어 책 읽는 것이 몸에 배게 하는 것이 중요하다. 몸에 밴다는 것은 습관으로 자리 잡음을 의미한다. 유태인들은 아이에게 처음 책을 줄 때 책 표지에 꿀을 잔뜩 발라 놓는다고 한다. 책이 달콤하고 맛있는 것이라는 인식을 심어 주기 위해서다.

아이가 영어 책 읽는 습관을 들이기까지는 다방면의 노력이 필요하다. 그중 하나가 꿀처럼 달콤한 '보상'을 해주는 것이다. 일단 습관이 되면 보상이 없어도 아이 스스로 책을 찾게 된다. 이 책의 단계step를 완성할 때까지는 달콤한 보상을 기획해 보자. 이후에는 책을 읽게 해주는 것 자체가 아이에게 보상이 될 것이다.

영어 도서관에 장난꾸러기 초등학교 1학년 남자아이가 있었다. 처음 도서관에 왔을 때 아이는 책 읽는 것을 그다지 즐기지 않았다. 아이가 좋아하는 분야의 책을 권해주니 조금 나아지는가 싶었지만, 시간이 지나자 그마저도 시들해졌다. 그래서 새로운 방안을 생각해 냈다. 도서관에 와서 책을 읽을 때마다 도장을 찍어 주었다. 스티커 판을 도장으로 채워 오면 볼펜, 샤프, 초콜릿 같은 작은 선물을 주었다.

값비싼 선물은 아니었지만 아이는 스티커 판을 도장으로 채우는 것에 성취감을 느꼈고, 부여되는 상에도 기쁨을 느꼈다. 이렇게 아이의 몸에 책 읽는 습관이 배기 시작했고, 스티커 판을 세 장쯤 모은 뒤부터 아이는 선물에 관심도 두지 않고 책을 읽기 시작했다.

책을 읽을 때마다 아이가 좋아하는 것으로 조그만 보상을 해주자. 유아인 우리 아이들에게 보상은 달콤하면서도 적절해야 한다. 값비싼 선물은 역효과를 부른다. 하지만 검소하고 적절한 보상은 아이에게 책을 읽고자 하는 내적 동기를 일으킨다. 책 읽기 목표를 달성했을 때 조그만 선물을 주되, 그냥 사 주지 않고 아이가 선택하도록 한다. 위에서 말한 스티커 판 채우기도 좋고, '다이소' 같은 저가형 잡화점에 가서 천 원 이내로 아이에게 선물을 고르게 하는 방법도 있다.

단계별 강력 추천도서란

진정한 리딩을 시작하는 한 줄짜리 그림책부터 '우리 아이가 꼭 읽어야 할 강력 추천 책 60!'을 제안한다.

단계별로 총 60권의 책을 매일 읽는 것을 목표로 설정한다. 1단계 20권, 2단계 20권, 3단계 20권 총 60권으로 구성돼 있다. 하루 한 권씩만 읽으면 두 달 안에 달성할 수 있다. 6개월이면 세 번씩 반복해 읽을 수 있는 양이다. 하지만 매일 읽는 것이 쉽지 않다. 습관이 되기 전까지는 엄마 아빠도 함께 노력을 기울여 보자.

보통 인간이 하루도 건너뛰지 않고 매일 반복했을 때 66일을 꾸준히 진행하면 습관이 든다고 한다. 그것을 기준으로 단계마다 60권의 추천도서를 구성하였다. Step 1부터 Step 7까지의 베스트 추천도서와 강력 추천도서의 총합은 500여 권이다. 계속 반복해서 보여 주고 읽어 주면, 영어 읽기 자립의 마법이 현실이 될 것이다.

오르지 못할 나무는 시작도 전에 포기하게 하고, 달성하기 쉬운 목표는 성취감 부족으로 노력을 기울이지 않게 된다. 각 단계에 맞는 난이도를 기본으로 하되, 아이들의 선호도가 높은 책, 실제 읽혔을 때 대부분의 아이가 거부감 없이 손에 잡는 책을 고르고 골라 구성하였다. 세부 선별 요건은 다양한 주제, 검증된 재미, 어휘 수준, 아이들의 공감도, 작가의 특징 등이다. 이를 모두 고려하여 우수한 작품들만을 선별하였으므로 꼭 읽어 볼 것을 추천한다.

처음부터 60권을 한꺼번에 읽으려면 부담스러울 수 있다. 첫 단계 20권으로 시작, 2단계 40권을 돌파해 3단계 60권까지 완성해 보자. 아이가 각 단계를 넘을 때마다 '과도한' 칭찬은 필수다! CD로 들려주거나 엄마가 읽어 주며 아이가 눈으로 따라 보는 것이지만, 태어나서 처음 영어 책을 60권 이상 봤다는 것은 엄마가 크게 칭찬할 만한 일이기 때문이다.

다음 페이지에 나오는 추천도서 목록의 '체크리스트' 칸에 책을 읽을 때마다 체크 표시를 하며 진행한다. 엄마는 힘이 나고 아이는 책을 한 권 한 권 정복해 가는 성취감을 느낀다.

매번 새로운 책을 주지 않고 같은 책을 여러 번 반복해서 읽어 준다. 아직 영어를 읽는 수준이 아니므로 쉬운 단어를 반복해서 들려주고 보여 줘서 익숙해지게 해야 한다. 반복해 읽으면 어휘가 더 깊이 각인되고 몸에 배어 자연스럽게 사용할 수 있게 된다.

단계별로 습득해야 하는 목표 단어의 개수가 있다. 목표 단어를 충실히 습득한 후에 어휘를 익히면 새로운 단어를 더 쉽고 빠르게 받아들이게 된다. 목표 단어를 충실히 습득하는 방법은 단계별 책을 소리 내어 반복해서 읽는 것이다.

체크 리스트에 한 번 읽을 때마다 'V' 자로 표시하자. 같은 책을 다시 읽어도 한 회 읽은 것으로 간주한다. 세 번 읽은 경우 'VVV'로 표시되는 것이다. 칼데콧상 수상작 및 아마존 베스트셀러, 뉴욕타임스 베스트셀러 등 폭넓게 읽힌 책들도 알아볼 수 있게 표기하였다.

꿀팁 영어 책 꼭 사야 하나요?

플랩북이나 팝업북은 구매하면 편하다. 아이들이 자주 보고 물고 뜯는 경우가 많아서 도서관에 많이 구비되어 있지 않다. 하지만 그 외 한 줄짜리 그림책부터 리더스북까지는 풍부하고 다양한 책들이 도서관에 구비되어 있다. 책을 모두 살 필요는 없다. 전국 시립, 구립 도서관에 많은 영어 도서가 구비되어 있으며, 책을 대출할 때는 CD도 함께 대여해 준다. 가까운 도서관을 애용하자.

영어 책 할인 판매점 및 대여점 리스트

책을 구매할 경우 할인점이나 중고 서점을 이용할 것을 권한다. 영어 책은 구매 후에 다시 중고 시장에 판매하기가 용이하다. 책을 구매해서 읽은 후 다시 판매하는 것도 좋다. 대여점도 자주 이용해 보자. 대여하고 기한에 맞춰 반납해야 하는 부담감을 가지고 읽어 나갈 수 있다.

영어 책 전문(할인) 온라인 서점

웬디북 www.wendybook.com

에버북스 www.everbooks.co.kr

와우abc www.wowabc.com

인북스 www.inbooks.co.kr

영어 책 대여점

민키즈 www.minkids.co.kr

리브피아 www.libpia.com

영어 중고책 판매 사이트

알라딘_중고책 판매 부문 www.aladin.com (온/오프라인 서점)

개똥이네 www.littlemom.co.kr (온/오프라인 서점)

예스24_중고책 판매 부문 www.yes24.com

아마존_중고책 판매 부문 www.amazon.com

STEP 4
우리 아이가 꼭 읽어야 할 강력 추천, **한 줄짜리 그림책 60!**

1단계, 도전 20권!

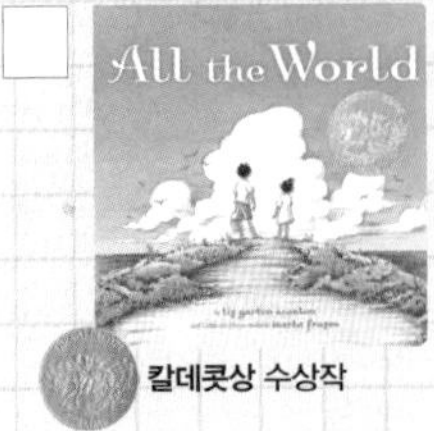

칼데콧상 수상작

1

All the World

작가: Liz Garton Scanlon

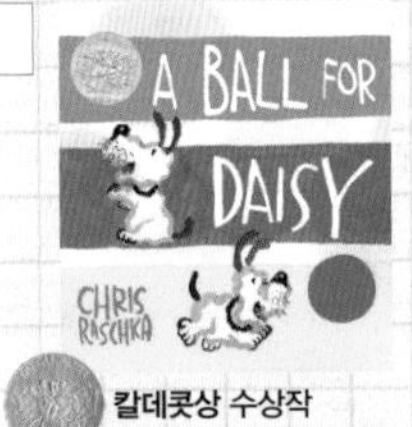

칼데콧상 수상작

2

A Ball for Daisy

작가: Chris Raschka

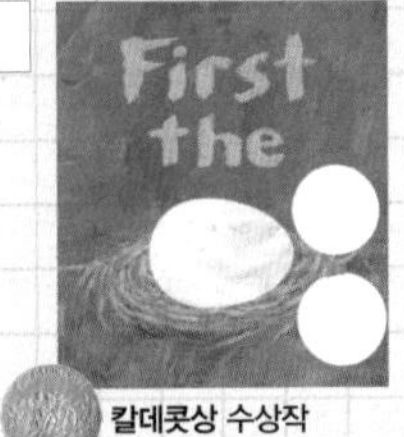

칼데콧상 수상작

3

First the Egg

작가: Laura Vaccaro Seeger

칼데콧상 수상작

4

Freight Train

작가: Donald Crews

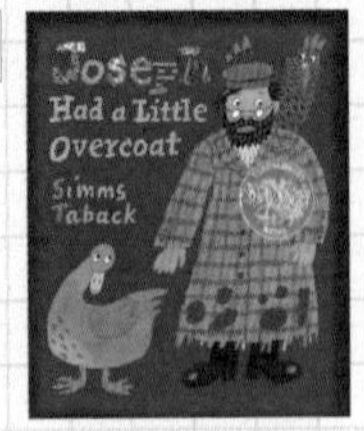

5

Joseph Had a Little Overcoat

작가: Simms Taback

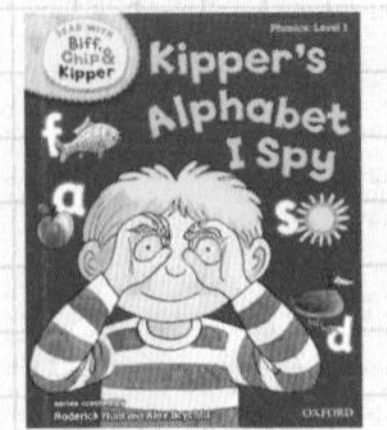

6

Kipper's Alphabet I Spy

작가: Roderick Hunt

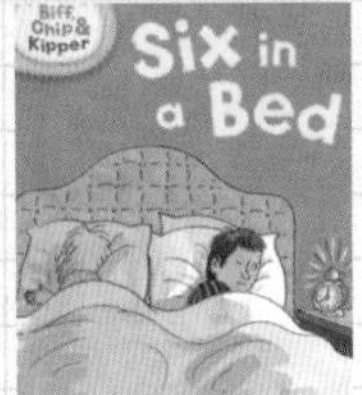

7

Six in a Bed

작가: Roderick Hunt

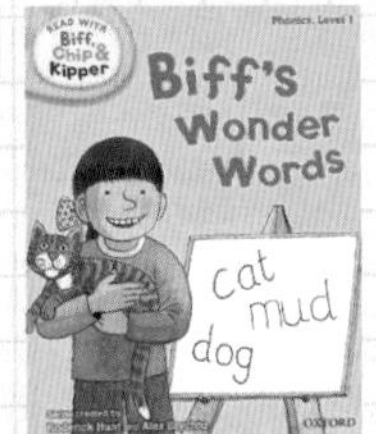

8

Biff's Wonder Words

작가: Roderick Hunt

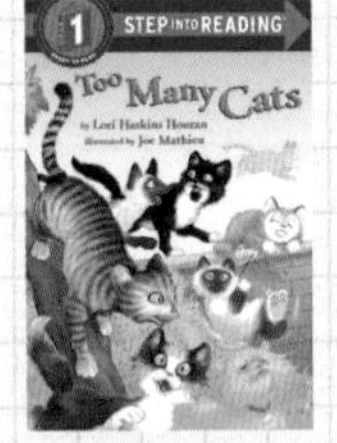

9

Too Many Cats (Step into Reading)

작가: Lori Haskins Houran

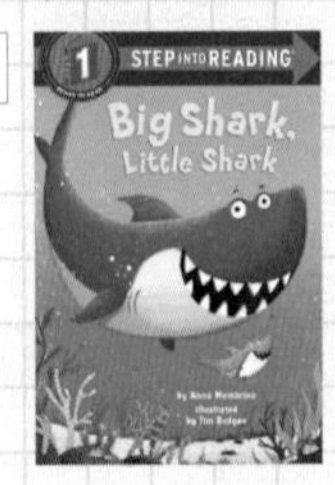

10

Big Shark, Little Shark (Step into Reading)

작가: Anna Membrino

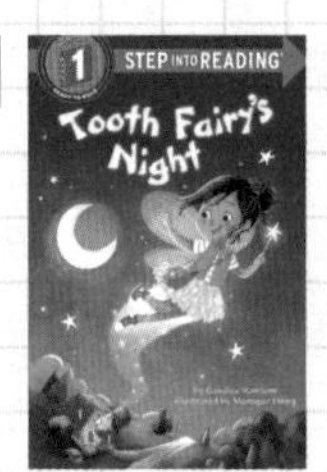

11

Tooth Fairy's Night (Step into Reading)

작가: Candice Ransom

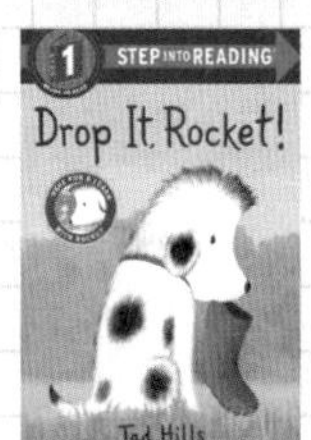

12

Drop It, Rocket! (Step into Reading)

작가: Tad Hills

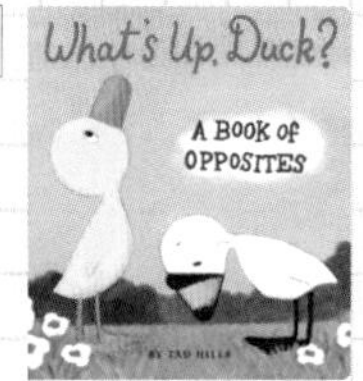

13

What's Up, Duck? : A Book of Opposites

작가: Tad Hills

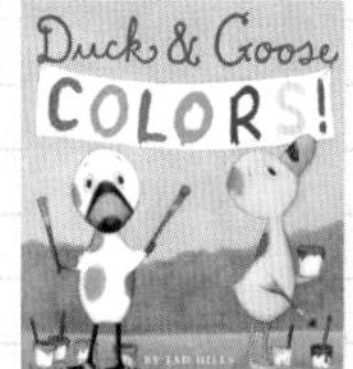

14

Duck & Goose Colors!

작가: Tad Hills

15

Duck & Goose : A Gift for Goose

작가: Tad Hills

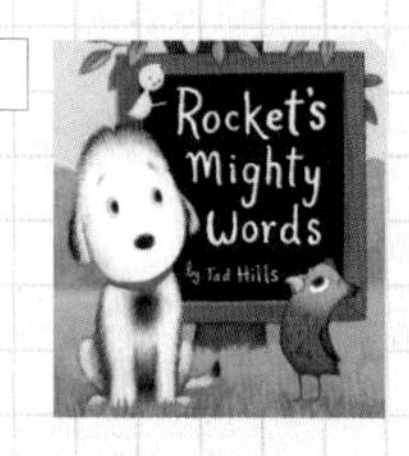

16

Rocket's Mighty Words

작가: Tad Hills

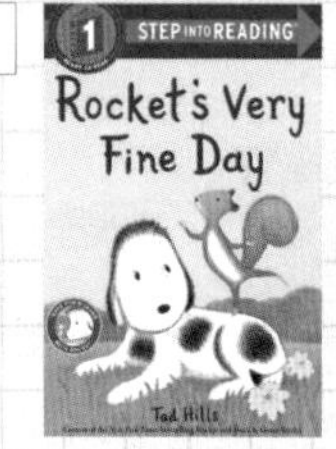

17

Rocket's Very Fine Day (Step into Reading)

작가: Tad Hills

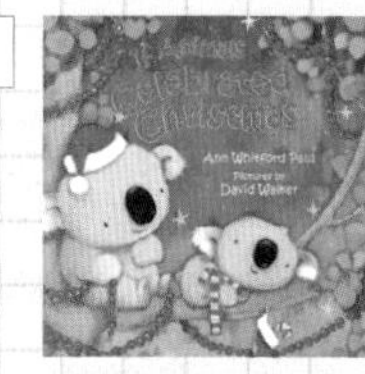

18

If Animals Celebrated Christmas

작가: Ann Whitford Paul

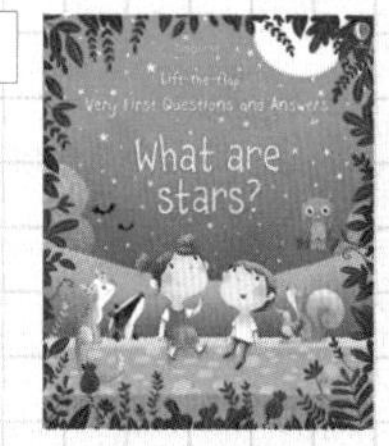

19

What are Stars? (Very First Lift-the-Flap Questions&Answers)

작가: Kate Daynes

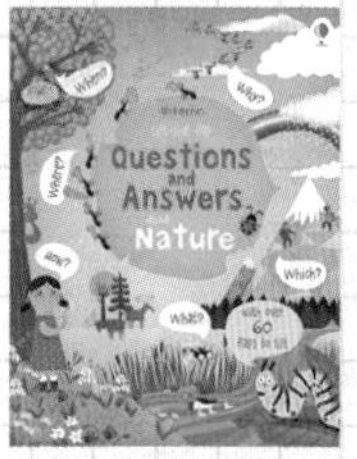

20

Lift-The-Flap Questions and Answers about Nature

작가: NILL

STEP 4
우리 아이가 꼭 읽어야 할 강력 추천, **한 줄짜리 그림책 60!**

2단계 40권 돌파, 칭찬 필수!

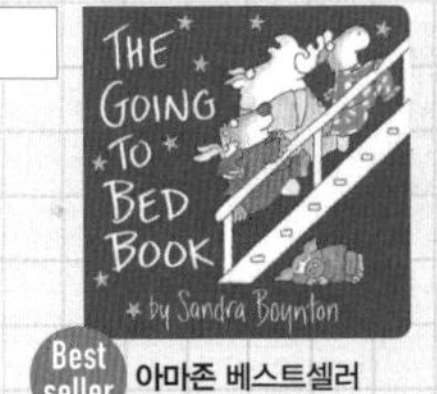

Best seller 아마존 베스트셀러

21
The Going-To-Bed Book
작가: Sandra Boynton

26
Wolfie the Bunny
작가: Ame Dyckman

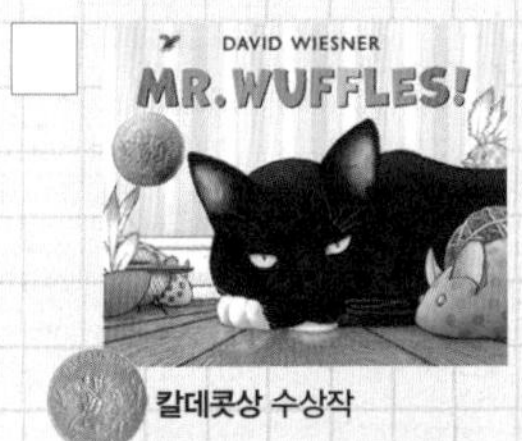

칼데콧상 수상작

22
Mr. Wuffles!
작가: David Wiesner

27
Boy and Bot
작가: Ame Dyckman

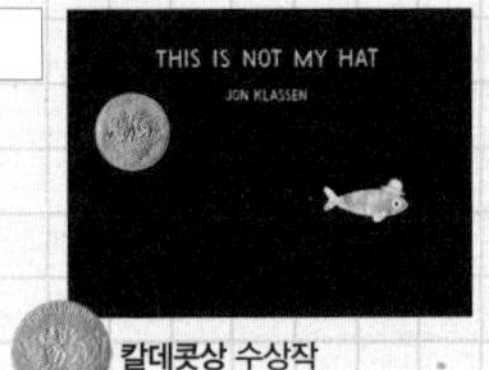

칼데콧상 수상작

23
This Is Not My Hat
작가: Jon Klassen

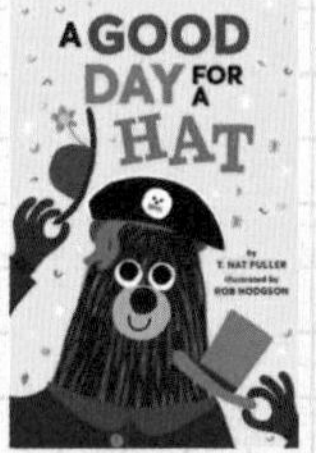

28
A Good Day for a Hat
작가: T. Nat Fuller

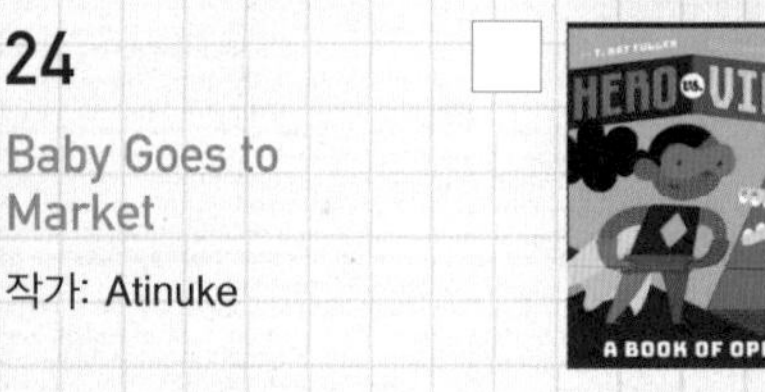

24
Baby Goes to Market
작가: Atinuke

29
Hero vs. Villain
: A Book of Opposites
작가: T. Nat Fuller

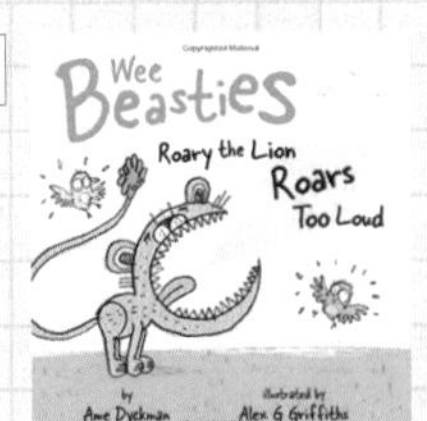

25
Roary the Lion Roars Too Loud (Wee Beasties)
작가: Ame Dyckman

30
Hello Hello
작가: Brendan Wenzel

31

Mon Petit Busy Day

작가: Annette Tamarkin

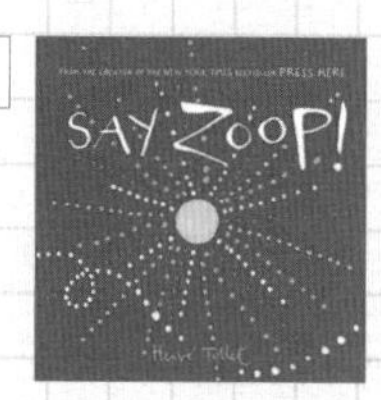

32

Say Zoop!

작가: Herve Tullet

33

London: A Book of Opposites (Hello, World)

작가: Ashley Evanson

34

Paris: A Book of Shapes (Hello, World)

작가: Ashley Evanson

35

San Francisco: A Book of Numbers (Hello, World)

작가: Ashley Evanson

36

Each Peach Pear Plum board book (Viking Kestrel Picture Books)

작가: Janet and Allan Ahlberg

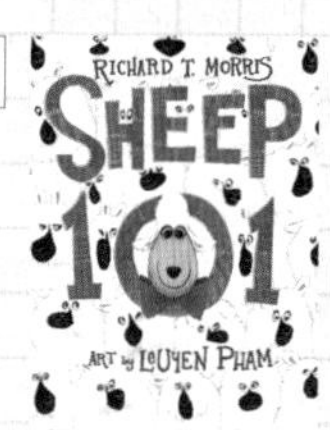

37

Sheep 101

작가: Richard T. Morris

38

Fear the Bunny

작가: Richard T. Morris

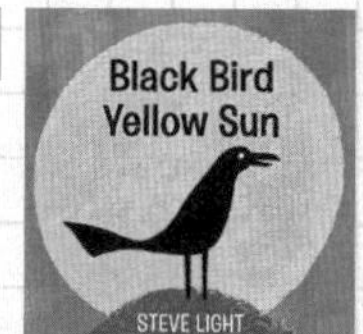

39

Black Bird Yellow Sun

작가: Steve Light

40

Planes Go

작가: Steve Light

STEP 4
우리 아이가 꼭 읽어야 할 강력 추천, **한 줄짜리 그림책 60!**

파이널, 60권 완결, 선물 준비!

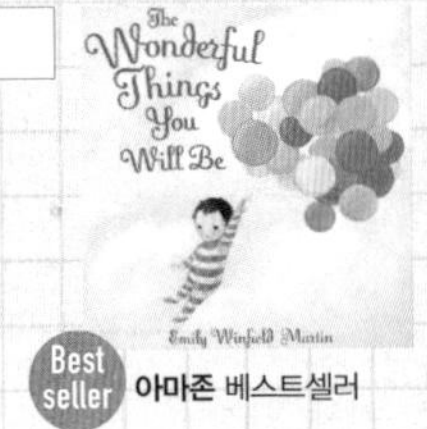

41

The Wonderful Things You Will Be

작가: Emily Winfield Martin

Best seller 아마존 베스트셀러

뉴욕타임스 베스트셀러

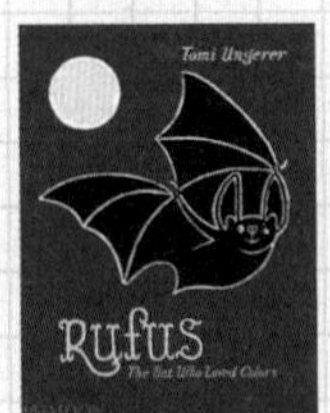

46

Rufus: The Bat Who Loved Colors

작가: Tomi Ungerer

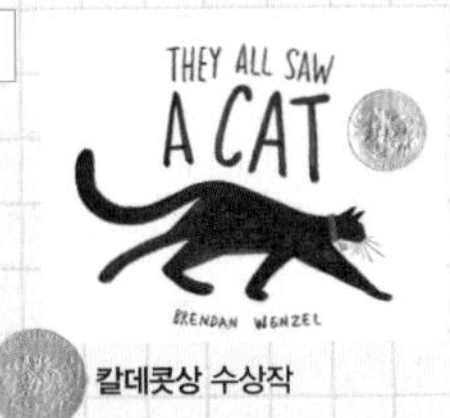

42

They All Saw a Cat

작가: Brendan Wenzel

칼데콧상 수상작

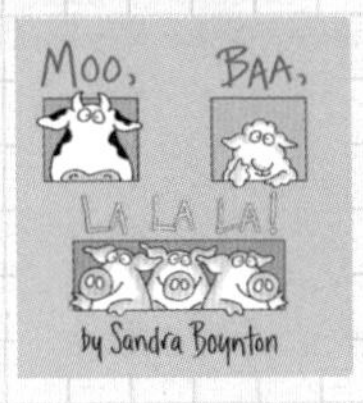

47

Moo Baa La La La

작가: Sandra Boynton

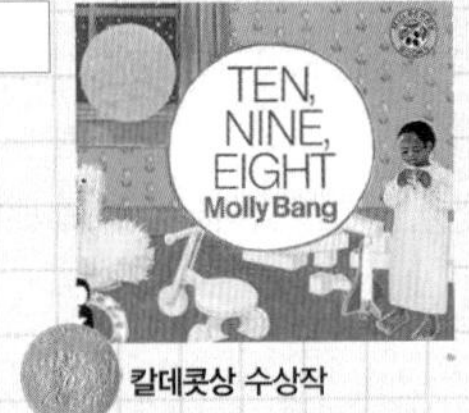

43

Ten, Nine, Eight Board Book

작가: Molly Bang

칼데콧상 수상작

48

Snuggle Puppy!

작가: Sandra Boynton

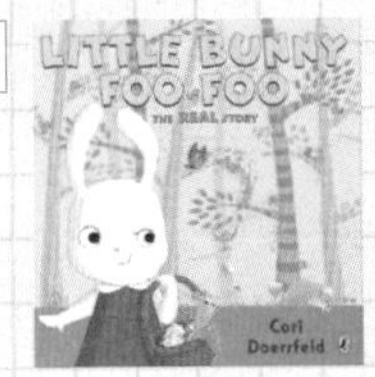

44

Little Bunny Foo Foo: The Real Story

작가: Cori Doerrfeld

49

Barnyard Dance!

작가: Sandra Boynton

45

Piggies

작가: Audrey Wood

50

Knuffle Bunny: A Cautionary Tale

작가: Mo Willems

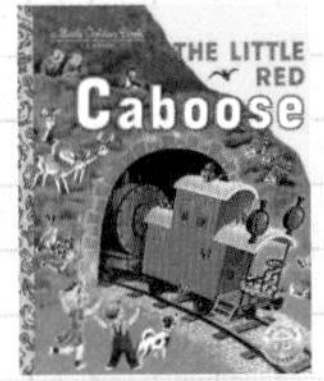

51

The Little Red Caboose

작가: Marian Potter

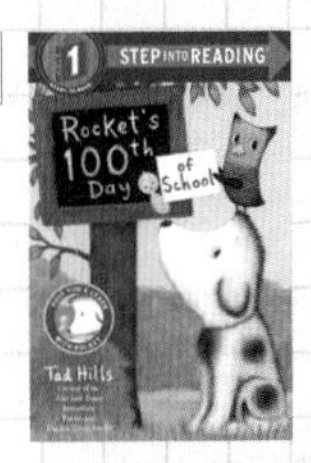

52

Rocket's 100th Day of School

작가: Tad Hills

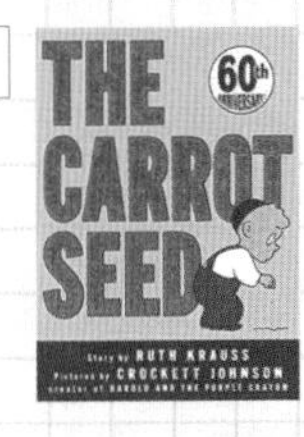

53

The Carrot Seed

작가: Ruth Krauss

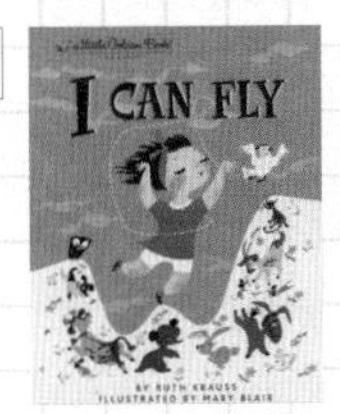

54

I Can Fly (Little Golden Book)

작가: Ruth Krauss

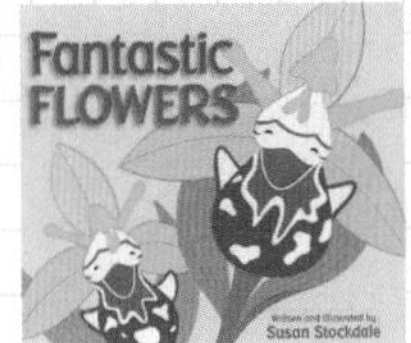

55

Fantastic Flowers

작가: Susan Stockdale

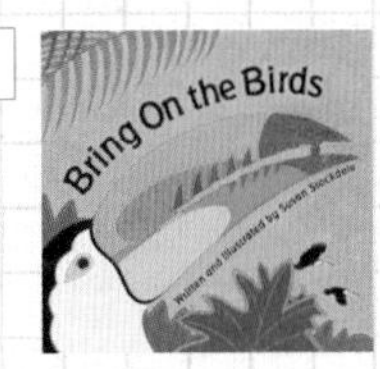

56

Bring On the Birds

작가: Susan Stockdale

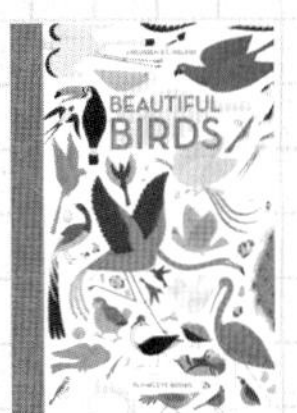

57

Beautiful Birds

작가: Jean Roussen

58

Safe & Sound

작가: Jean Roussen

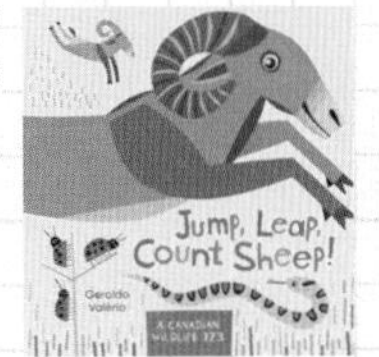

59

Jump, Leap, Count Sheep!

작가: Geraldo Valério

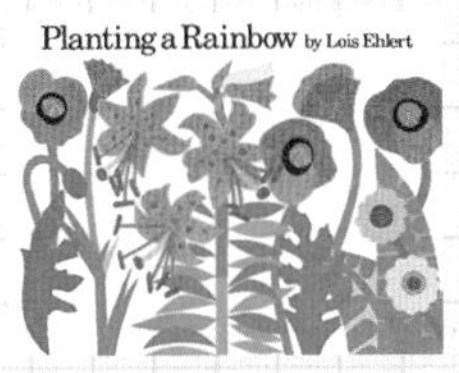

60

Planting a Rainbow

작가: Lois Ehlert

Q: 아이가 영어 동영상만 보고 책은 싫어해요. 영어 책으로 넘어가게 할 수 있을까요?

A: 많이들 고민하는 문제입니다. 아이가 영어 방송은 잘 보는데 도무지 책은 안 읽는다는 것이에요. 이때 활용하면 효과적인 방법을 말씀드릴게요. 책과 동영상이 모두 있는 서적을 활용하는 것입니다. 책을 읽고 영상을 보여 주는 것이 아니라, 영상을 먼저 보여 줘 익숙하게 한 다음 동일한 주인공 캐릭터가 나오는 책을 갖다 주세요.

제가 보여 주고 읽혀 본 책들 중에서 아이들이 좋아하는 프로그램을 꼽아 보면 〈Caillou(까이유)〉, 〈Thomas & Friends(토마스와 친구들)〉, 〈Arthur Adventure(아서의 모험)〉, 〈Berenstain Bears(베렌스타인 곰 가족)〉, 〈Horrid Henry(호리드 헨리)〉 등이 있습니다. DVD 구매도 가능하고 유튜브에서 무료로 시청할 수 있습니다. 그럼 동영상을 이용해 아이를 책으로 유인하는 방법을 정리해 보겠습니다.

우선 위의 프로그램 중에서 아이가 좋아할 만한 캐릭터 또는 배경이 나오는 책을 선정합니다. 그리고 아무 말 없이 동영상을 먼저 보여 줍니다. 1~2주일 정도 동영상만 보여 줍니다. 그러곤 아이 몰래 책을 집에 깔아 놓습니다. 아이 동선에 맞게 오다가다 보이도록 잘 깔아 둡니다. 이때 엄마가 먼저 "여기 동영상에서 본 책이네"라고 말하면 안 됩니다. 그럼 작전 실패! 참고 기다려서 아이가 먼저 책을 발견하도록 유도해야 합니다.

지나가다 책을 발견한 아이가 이렇게 말합니다. "어, 이거 인터넷에서 본 거네?" 이때를 놓치지 않고 엄마가 바로 맞장구를 칩니다. "와, 신기하네! 책도 한번 보자" 하면서 엄마가 읽어 주는 것이지요. 그리고 나중에는 아이가 혼자 읽도록 합니다. 저희 둘째도 그렇고, 학부모님 중에 이 방식으로 성공한 사례가 많답니다.

책을 거부하는 아이에게 억지로 책만 보여 주며 읽도록 하는 것이 쉽지 않죠. 여러 가지 방법이 있지만, 아이에게 익숙한 영상부터 보여 줘서 주인공과 배경에 친숙해지게 한 후 같은 주인공이 나오는 책을 읽도록 유도해 보세요. 좀 더 수월하게 진행될 것입니다.

Step 5.

세 줄짜리 그림책

Then
three snowflakes.
"It's snowing," said boy with dog.

"It'll melt," said woman with umbrella.

취향 저격으로 영어의 재미에 빠지게 하다

한 줄짜리 그림책으로 영어 책을 만만하게 만나 보았다면, 이제 문장이 두 세 줄로 늘어난 그림책으로 넘어가자. 한 줄 분량의 책으로 꾸준히 영어를 만난 아이들은 세 줄짜리 책도 '쓱' 부담 없이 넘어간다. 하지만 방심해서는 안 된다. 거부하지 않고 계속 영어 책과 놀게 하려면 아이들이 계속 '재미'를 느끼도록 해야 한다. 재미만 있으면 뜯어말려도 달려드는 게 아이들이다.

아이에게 재미있는 책, 어떻게 고를까? 아이의 취향을 저격하면 된다! 아이마다 성향이 달라서 선호하는 분야의 책이 다르다. 그래서 Step 5에서는, 다양한 소재에 흥미로운 이야기를 담고 있는 여러 작가의 책을 분야별로 소개한다. 아이의 취향을 잘 모를 때는 여러 분야의 책을 다양하게 접하게 해주자. 그러다 보면 좋아하는 종류를 파악할 수 있다.

처음에는 아이가 좋아하는 것에 집중하면 된다. 야구를 좋아하는 아이는 야구 하는 장면이 나오는 책을, 개구리를 좋아하는 아이는 개구리가 주인공으로 나오는 책을 주는 것이다. 취향을 발견한 후에는 아이가 특히 좋아하는 분야의 책을 더 많이 보게 해준다.

같은 소재인데 다양한 작가가 쓴 책을 보여 주는 방법도 있고, 좋아하는 특정 작가가 쓴 다른 그림책을 보여 주는 방법도 있다. 아이들은 내용과 상관없이 그림이 좋으면 그 책을 계속 보고 읽고 한다. 따라서 내용에만 얽매이기보다 그림 취향에 맞춰 책을 주는 방법도 좋다.

그림이건, 소재건, 내용이건 아이 취향을 저격하는 것이 영어 책의 재미에 더 빨리 빠지게 하는 지름길이다. 이어지는 내용에서 특색 있는 세 줄짜리 책들을 분야별로 소개할 것이다. 아이로 하여금 여러 분야의 책을 맛보게 함으로써 아이가 선호하는 분야를 찾길 바란다.

하루 20분 보고 듣고 따라 읽는 시간

목표 | 영어의 재미에 쏙 빠지기, 50~100개 단어 익히기

시간 | 매일 20분

기간 | 약 6개월

과정 | 두 번 + 한 페이지 읽기

1) CD를 들으며 책 보기 또는 부모가 읽어 주기
2) CD를 들으면서 소리에 맞춰 손으로 단어 짚으며 읽기. 단어는 부모가 짚어 준다
(단어를 짚어 주는 책은 하루 한 권, 한 번만 하기)
3) CD를 들으며 첫 다섯 페이지만 따라 하기

특별활동 | 《스콜라스틱 헬로 리더》 60초 단어 게임

이 시기에 가장 중요한 것은 우리 아이들에게 '영어가 재미있다'라는 것을 피부로 느끼게 하는 것이다. 아이가 즐겨 하는 분야를 파악하여 좋아하는 소재가 있는 책으로 다가선다.

Step 5에서는 영어 책을 보고 들은 후 소리 내어 따라 읽는 과정이 포함된다. 지금 단계에서는 정확히 따라 할 때까지 반복해서 연습하지 않아도 된다. 제대로 따라 하지 못하더라도 CD를 듣고 눈으로 집중해서 알파벳을 보면서 영어 문자와 소리에 익숙해지게 하는 것이 목표다.

과정을 살펴보자.

한 권의 책을 세 번 연속 본다.

첫째, CD를 들으며 책을 본다. CD가 없으면 부모가 읽어 주면 된다.

둘째, CD를 두 번째로 다시 들으며 책을 읽는다. 이때 CD 소리 또는 부모가 읽어 주는 소리에 맞춰 단어를 손으로 쭉 짚어 주면서 보게 한다. 단어는 부모가 짚어 준다.

세 번째 읽을 때는 CD를 들으면서 그 소리에 맞춰 아이가 소리 내어 따라 읽게 한다. 끝까지 따라 읽는 것은 아니고 처음 다섯 페이지만 CD를 들으며 (또는 부모가 읽어 주고) 따라 읽게 한다.

아직 영어 단어를 잘 읽을 수 없으므로 정확하게 따라 하기는 어렵다. Step 5에서 따라 읽게 하는 이유는 영어 소리sound에 익숙해지게 하려는 것이지 단어의 의미를 정확하게 알게 하려는 것이 아니다. 따라서 읽는 속도가 늦거나 발음이 정확하지 않아도 그냥 넘어간다. 그저 영어의 운율, 영어 단어의 생김새와 소리를 인식하면 된다.

과정이 끝나고 아이가 또 듣고 싶다고 할 때는 CD를 다시 듣게 해준다. 제대로 따라 하지 못했다고 억지로 반복해서 다시 읽게 하는 방법은 좋지 않다. 아이가 영어를 부담스러워하거나 재미없게 느껴서는 안 되기 때문이다. 책 한 권에서 단어 한두 개만 제대로 따라 읽어도 아이는 재미를 느끼고 영어를 읽을 수 있다는 자신감이 생긴다.

Step 5에서는 전 세계 아이들이 오랫동안 사랑한 책을 중심으로 재미가 검증된 책을 우선 선별해 구성하였다.

눈이 소재인 책들

아이들 중에 '눈snow'을 좋아하지 않는 아이는 드물다. 겨울에 하늘에서 내리는 하얀 눈은 언제 봐도 신기하고, 온 세상이 하얀 가운데 눈사람을 만들며 행복해하는 것은 아이들의 특권이다. 눈이 소재인 책은 크리스마스카드처럼 그림이 예쁜 책들이 많다. 하얀 눈이 가득한 아름다운 그림의 매력에 빠져 엄마들도 자꾸 읽고 싶어지는 책들을 소개한다.

《The Snowy Day》 작가: Ezra Jack Keats

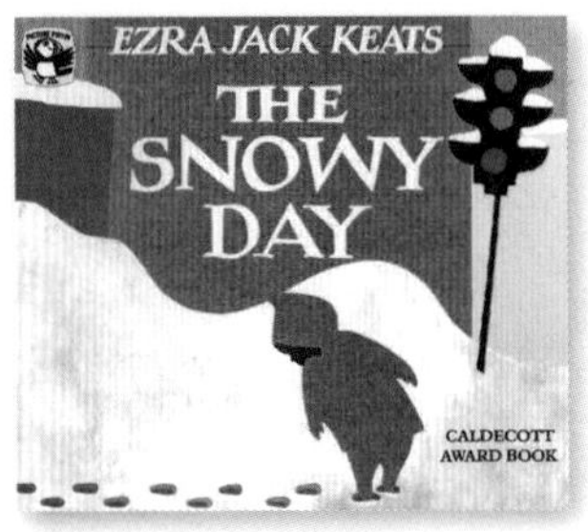

첫눈을 맞은 아이는 들뜨고 신비로움으로 가득하다. 아이는 마냥 눈 속으로 뛰어들어 눈을 즐기고 싶다. 아이의 순수한 마음을 마술 같은 그림으로 표현해 냈다. 눈 속의 신비에서 머물고 싶은 아이의 마음을 아름답게 승화했다는 평을 들으며, 수백만 어린이가 사랑하는 책이다. 우리 아이도 첫눈의 마법 속에서 영어 책에 빠져 보게 하자.

칼데콧상 수상작

《The Snowy Day》
읽어 주는 동영상

《Snow》 작가: Uri Shulevitz

"It's snowing, said boy with dog(눈이 와요. 강아지와 함께 있는 소년이 말했어요)." "It's only a snowflake, said the grandfather with beard(단지 눈송이 하나일 뿐이야. 수염할아버지가 말했어요)." 아무도 눈송이 하나가 무엇인가가 될 거라고 생각하지 않았지만 소년과 강아지는 그렇게 될 수 있다는 믿음을 가지고 있었다. 누구도 기대하지 않았지만, 눈이 펑펑 내리고 소년과 강아지는 하얗게 변한 눈 세상에서 진정으로 눈을 즐긴다. 시적인 표현과 펜으로 그려진 수채화 그림은 크리스마스카드가 모여 책이 된 듯 아름답다. 그림을 보는 것만으로 아이의 감성을 자극한다.

칼데콧상 수상작

《Snow》
읽어 주는 동영상

에릭 칼의 세 줄짜리 책들

에릭 칼의 책들은 한 줄짜리 그림책부터 글이 페이지의 반을 넘는 책까지 다양하다. 작가가 펴낸 70여 권의 책은 그림이 독특하고 동물과 곤충에 관한 지식이 가득해서 모두 소장 가치가 있다. 에릭 칼의 한 줄짜리 책을 읽은 아이에게 "《배고픈 애벌레》를 그린 할아버지가 그린 책이야"라고 말하며 친근감을 갖게 한 후, 세 줄짜리 책도 읽어 준다.

《Polar Bear, Polar Bear, What Do You Hear?》

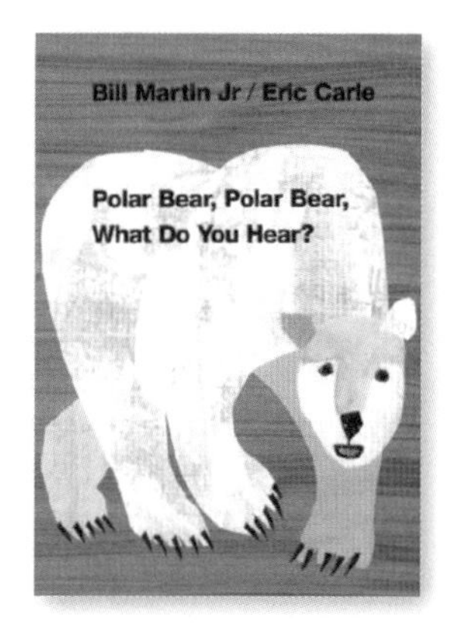

하마hippopotamus, 홍학flamingo, 바다코끼리walrus는 어떤 소리로 울까? 책을 통해서야 만날 수 있는 동물의 소리를 들어 본다. 노래처럼 반복되는 문장은 영어의 말맛을 알게 하고 영어를 사용하는 재미를 느끼게 해준다. 책을 노래로 불러 주는 영상을 자주 보여 주자. 자신도 모르는 사이 의문사 what으로 시작하는 문장의 구조를 입으로 내뱉게 된다.

《Polar Bear, Polar Bear, What Do You Hear?》
노래로 읽어 주는 동영상

《Today is Monday》

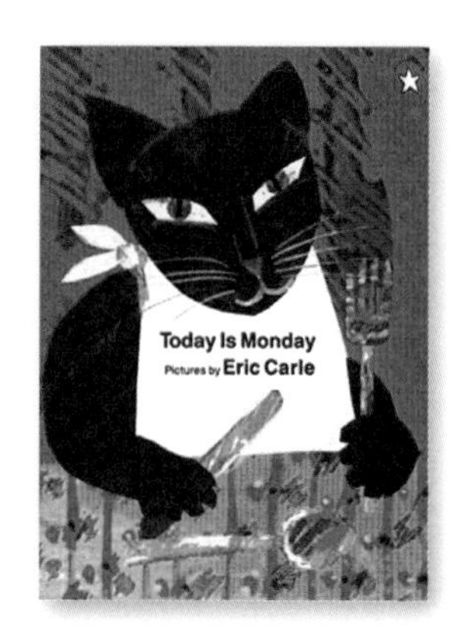

월요일Monday에는 고슴도치가 완두콩string beans을, 화요일Tuesday에는 뱀이 스파게티spaghetti를 먹고 목요일Thursday에는 고양이가 소고기 구이roast beef를 먹는다. 이처럼 동물들이 일주일 동안 매일 다른 음식을 맛본다. 페이지가 넘어갈 때마다 앞서 말한 요일이 반복해서 나오므로 맛있는 음식과 더불어 요일을 읽는 방법을 체득할 수 있다.

《Today is Monday》
읽어 주는 동영상

모리스 센닥의
세 줄짜리 책들

미국에서 가장 유명한 그림책 작가로 이름을 떨친 모리스 센닥Maurice Sendak의 세 줄짜리 책이다. 모리스 센닥은 어린이를 관찰하는 것에 그치지 않고, 자기 안에 살고 있는 어린이를 발견해 내는 데 뛰어난 재능을 가진 작가라는 평을 받고 있다. 아이들의 마음을 꿰뚫고 이해한 후, 기발한 상상력으로 아이들에게 기쁨을 주는 모리스 센닥의 책들을 만나 보자.

《In the Night Kitchen》

칼데콧상 수상작

시끄러운 소리에 잠이 깨 부엌에 간 '미키'는 범상치 않은 제빵사들을 만나 신기한 경험을 하고 다시 잠자리로 온다. 꿈의 세계를 환상적이면서도 유머러스하게 풀어냈다. 글이 모두 알파벳 대문자로 쓰여 있어, 아이들이 자연스럽게 알파벳 대문자에 익숙해진다. 유아부터 어른들도 모두 재미있게 보고 상상의 나래를 펴게 하는 책이다.

《In the Night Kitchen》
읽어 주는 동영상

《Where the Wild Things Are》

WHERE THE WILD THINGS ARE

STORY AND PICTURES BY MAURICE SENDAK

칼데콧상 수상작

우리나라에서도 '괴물들이 사는 나라'로 번역된 베스트셀러다. 번역이 잘되어 둘 다 좋지만, 제목에서 느낄 수 있듯 뉘앙스에서 차이가 있다. 그래서 영어 원서는 영어로, 한국어 원서는 우리말로 읽어야 100% 그 언어의 깊이 있는 느낌을 체험할 수 있는 것이다. 50년 동안 꾸준히 어린이들의 사랑을 받는 필독서로 아이의 상상력을 자극한다.

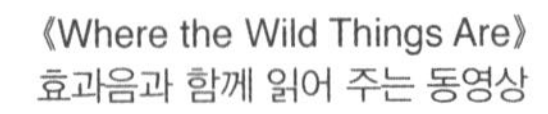

《Where the Wild Things Are》
효과음과 함께 읽어 주는 동영상

따뜻한 감동이 있는 책들

감동이 있는 책들은 아이들의 정서 함양에 큰 도움이 된다. 단, 아이들의 눈높이에 맞아야 하고 억지스럽지 않아야 하며 아이들의 마음을 보듬을 수 있어야 한다. 무엇보다도 아이가 감정 이입을 할 수 있도록 공감 가는 이야기여야 한다. 아이들이 깊이 공감하면서 다 읽고 나면 스르륵 감동이 밀려오는 책들을 소개한다.

《The Rabbit Listened》 작가: Cori Doerrfeld

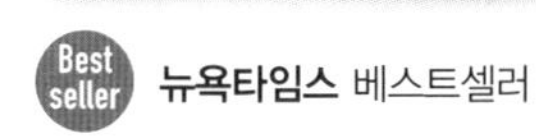

뉴욕타임스 베스트셀러

테일러Taylor에겐 심혈을 기울여 세운 블록 건물이 무너진 것이 크나큰 슬픔이다. 동물들이 와서 "소리 질러 봐, 기억해서 다시 만들어 봐"라고 위로하지만 도움이 되지 않는다. 그때 토끼가 다가와 테일러의 말을 조용히 들어준다. 이내 아이는 마음의 평온을 찾고 다시 블록으로 건물을 만든다. 간단한 이야기지만 친구의 슬픔을 함께 나누는 아름다운 마음을 배운다.

《The Rabbit Listened》
읽어 주는 동영상

《Waiting is Not Easy!》 작가: Mo Willems

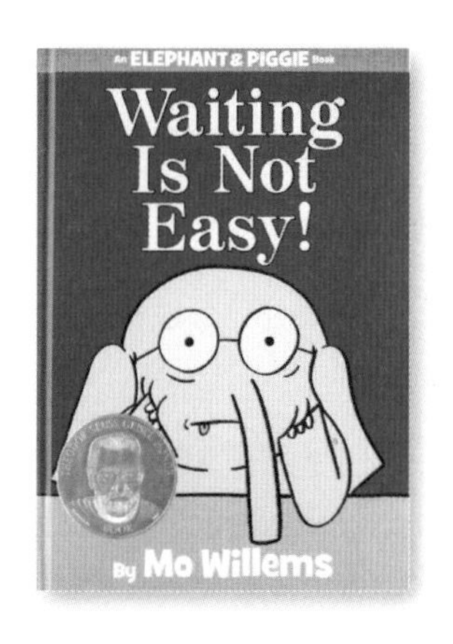

코끼리 제럴드Gerald와 돼지 피기Piggie는 제일 친한 친구다. 피기가 놀랄 만한 선물을 준비했다며 계속 기다리게 하자 제럴드가 화가 난다. 하지만 긴 기다림 끝에 마침내 두 친구는 멋진 선물을 보게 된다. 끝에 어떤 선물이 나올지 아이들과 같은 마음으로 궁금해하며 책을 읽어 주자. 마지막 페이지를 가득 채운 은하수와 별을 보며 아이는 "와~" 하며 감동을 느낀다.

《Waiting is Not Easy!》
읽어 주는 동영상

가족의 사랑이 가득한 책들

아이들에게 엄마, 아빠는 세상의 전부다. 평소 마음 표현이 서툰 아이도 내 엄마, 아빠와 관련된 이야기가 나오면 목소리가 커진다. 그게 자식 키우는 보람이기도 한 것 같다. 내 자식은 내 편이다. 아이들을 위해 헌신하는 엄마, 바쁘지만 최선을 다해 아이와 놀아 주는 아빠의 모습은 항상 감동이다. 엄마, 아빠의 사랑이 가득한 책들을 만나 보자. 아이들이 본능적으로 좋아한다.

《My mom》 작가: Anthony Browne

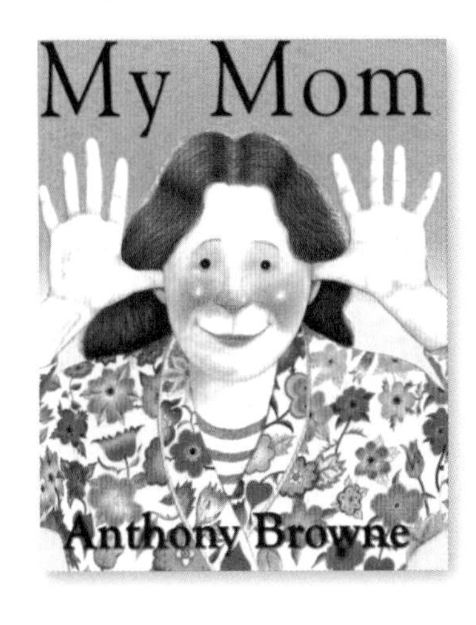

집안일과 육아로 바빠 자신을 꾸밀 시간도 없는 엄마. 하지만 아이들은 엄마가 무슨 음식이든 만들 수 있고, 힘도 세고, 우주인도 될 수 있고, 기업의 사장도 될 수 있었지만, 자신들을 위해 엄마가 되었다는 것을 안다. 아이들 눈에 엄마는 항상 최고다. 엄마에 대한 애정을 세심하게 표현했다. 읽다 보면 저절로 아이가 엄마를 안아 주게 된다. 책을 노래로 불러 주는 영상도 함께 들어 보자.

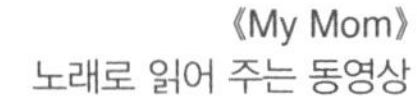
《My Mom》
노래로 읽어 주는 동영상

《Dad by My Side》 작가: Soosh

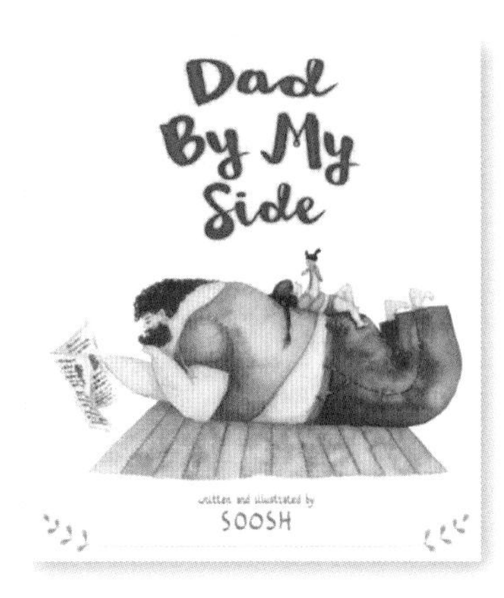

거인처럼 키가 크고 뚱뚱한 아빠. 아빠 팔목만큼의 크기밖에 되지 않는 귀엽고 작은 딸. 작고 힘도 약하지만 아빠만 있으면 못 할 것이 없다. 아빠와 함께라면 아이는 무엇을 하든 상관없고 아무것도 문제가 되지 않는다. "With dad by my side, there is nothing I can't do(아빠가 곁에 있으면 나는 못 할 것이 없다)"라는 문장으로 시작하는 첫 페이지처럼 아빠에 대한 깊은 사랑과 믿음을 보여 주는 따뜻한 책이다.

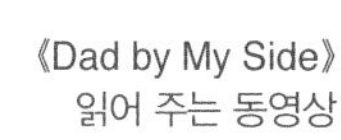
《Dad by My Side》
읽어 주는 동영상

《Peter's Chair》 작가: Ezra Jack Keats

외동이던 피터Peter에게 여동생이 생긴다. 아빠는 피터가 쓰던 요람과 아기 침대를 분홍색으로 칠한다. 의자chair도 색을 바꾸려 하자 피터는 가출할 계획을 세운다. 하지만 자기에게 더 이상 맞지 않는 의자에 앉아 보게 되고, 오빠가 되는 즐거움을 깨닫는다. 의젓한 오빠 피터는 자기 스스로 의자를 분홍색으로 칠하고 여동생을 기쁘게 맞이한다. 아이가 처음 형제가 생겼을 때 겪는 상실감을 극복하고, 형제애를 느끼게 되는 과정을 세심하게 표현했다.

《Peter's Chair》
읽어 주는 동영상

단잠에 들게 하는 책들

유럽인들이 책을 많이 읽는 데는 오래된 전통이 한몫한다. 유럽인들은 아이가 잠들기 전 침대에서 매일 3권씩 책을 읽어 준다고 한다. 이렇게 자란 아이들이 크리스마스이브에 크리스마스트리 대신 책을 쌓아 놓고 밤새 초콜릿을 먹으며 독서하는 아이슬란드인 같은 어른으로 성장하는 것이다. 아이슬란드에서 최고의 크리스마스 선물은 책이라고 한다. 우리 아이들도 책이 가장 좋은 크리스마스 선물이 되는 사람으로 성장하길 바란다. 그 첫걸음으로 잠자리에서 읽어 주기 좋은 책을 소개한다.

《Good Night Moon》 작가: Margaret Wise Brown

베드타임 스토리Bedtime story(아이들이 잠잘 때 들려주는 이야기)의 고전이다. 초록색 방의 아기 토끼는 벽에 걸린 그림, 빗, 솔, 먼지까지 포함해서 방 안에 있는 모든 것에 "Good night(잘 자)" 인사를 한다. "two little kittens and a pair of mittens(두 마리의 아기 고양이와 한 쌍의 벙어리 장갑)"와 같이 각운이 맞는 시적인 문장과 편안한 그림이 잠자리에 드는 아이의 마음을 포근하게 감싸 준다. 할리우드의 명배우 수잔 서랜던Susan Sarandon이 자장가처럼 읽어 주는 영상을 공유한다. 부드럽고 깊이 있는 목소리가 책과 잘 어우러진다.

《Good Night Moon》을 움직이는 그림과 함께 읽어 주는 동영상

《Pajama Time!》 작가: Sandra Boynton

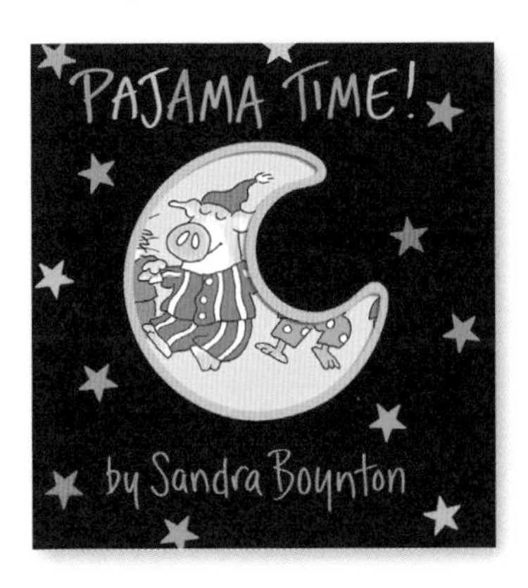

달이 뜨고 밤이 되자 동물들은 잠옷을 입고 잠자리에 들 준비를 한다. 줄넘기하는 닭, 그네 타는 돼지, 코끼리 등 여러 동물이 잠옷을 입고 춤을 춘다. 독특하게 창조된 귀여운 동물들이 저마다 다양한 색깔과 모양의 '잠옷pajama'을 입고 함께 눕는다. 꿈속에서 파티를 하자며 모두 눈을 감고 "쉿hush"이라고 말하며 꿈나라로 간다. 책을 따라 읽다 보면 잠자기 싫어하는 아이들도 기분 좋게 잠자리에 들게 된다.

《Pajama Time!》
읽어 주는 동영상

《We're Going on a Bear Hunt》 작가: Helen Oxenbury

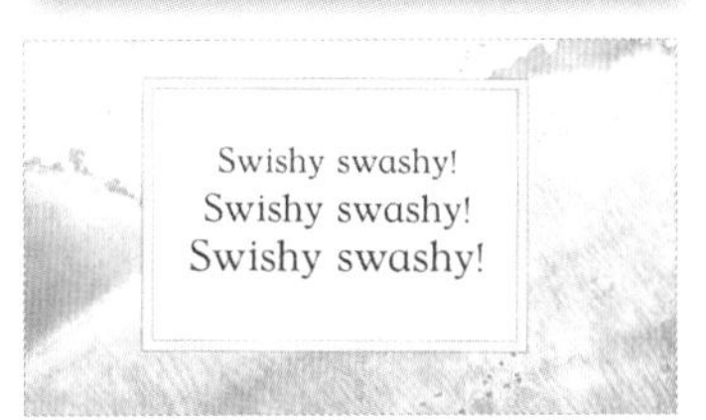

우리나라에서 번역본도 많이 읽는 코믹한 고전 명작이다. 아이들이 좋아하는 곰. 곰 사냥을 간다고 하면 모두 뛰어나오지 않을까? 호기롭게 가족은 숲속을 뚫고, 강을 건너, 진흙을 거쳐, 눈보라를 헤치고 곰이 사는 동굴까지 간다. 하지만 곰을 발견하고는 어렵게 온 길을 다시 지나 빠르게 도망치고 만다. 읽을 때마다 웃음이 나온다. 시처럼 반복되는 문구, 실감 나는 의성어, 포근한 그림은 아이들이 미소 지으며 단잠에 빠지게 한다.

《We're Going on a Bear Hunt》
읽어 주는 동영상

《Pete the Cat and the Tip-Top Tree House》

작가: James Dean

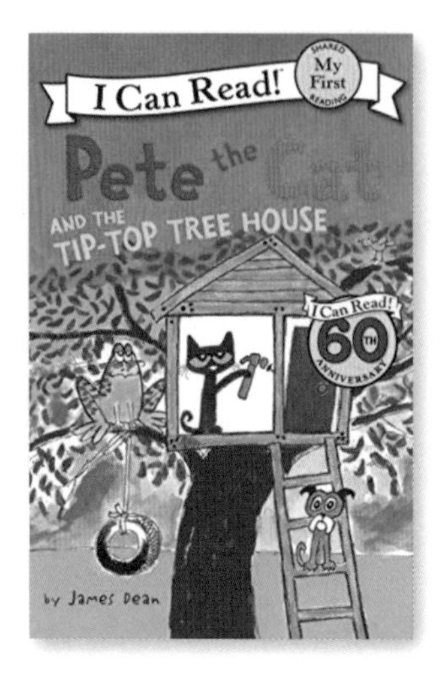

뉴욕타임스 베스트셀러 작가인 제임스 딘의 그림책이다. 《I Can Read!》 시리즈 중 마이 퍼스트My First 레벨이다. 이 레벨은 보통 글이 한두 줄로 이뤄져 있는데, 피트더캣Pete the Cat 시리즈는 페이지 당 두세 줄의 문장으로 구성돼 있다. 고양이 피트더캣 캐릭터가 나오는 이야기는 아이들에게 인기가 많다. 한 권을 보여 주고 아이가 좋아하면 《I Can Read》 시리즈 중 피트더캣이 주인공인 책을 더 보여 주자.

《Pete the Cat and the Tip-Top Tree House》
읽어 주는 동영상

《The Little Mouse, The Red Ripe Strawberry, and the Big Hungry Bear》

작가: Don and Audrey Wood

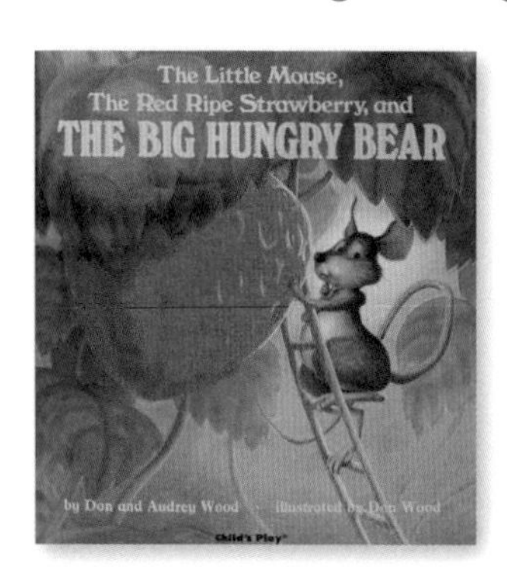

1984년 출간된 이래 수백만 독자에게 읽힌 책이다. 커다란 딸기가 책 속에서 튀어나올 듯 색감이 생생하고 그림의 깊이가 느껴진다. 배고픈 곰hungry bear에게 딸기를 빼앗기지 않으려는 생쥐mouse의 이야기다. 생쥐는 딸기를 빼앗기지 않으려고 어떤 목소리를 따라서 딸기를 여기저기에 숨긴다. 결국 생쥐는 딸기를 함께 나눔으로써 빼앗길 걱정을 하지 않게 된다. 아이들이 나눔의 기쁨과 지혜를 배울 수 있는 책이다.

《The Little Mouse, The Red-Ripe Strawberry, and the Big Hungry Bear》
읽어 주는 동영상

강아지가 주인공인 책들

강아지puppy가 주인공인 책은 아이들이 기본적으로 호감을 갖는다. 그래서 강아지 캐릭터가 등장하는 그림책이나 애니메이션 또한 많다. 강아지가 주인공인 세 줄짜리 그림책 중에서 특히 아이들의 리딩reading에 중점을 둔 책들을 읽어 보자. 원어민 아이들도 리딩을 배울 때 많이 읽는 책들로 골랐다.

《How Rocket Learned to Read》 작가: Tad Hills

뉴욕타임스 베스트셀러

강아지 로켓Rocket이 글 읽는 법을 배운다. 선생님은 노란 새yellow bird다. 선생님도 학생도 우리 아이들처럼 귀엽다. 뉴욕타임스 베스트셀러이고 영어를 배우기 시작하는 원어민 아이들에게 많은 사랑을 받은 책이다. 우리 아이들도 로켓이 되어 영어 읽는 법을 배워 보자.

《How Rocket Learned to Read》
읽어 주는 동영상

《Go, Dog. Go!》 작가: P.D. Eastman

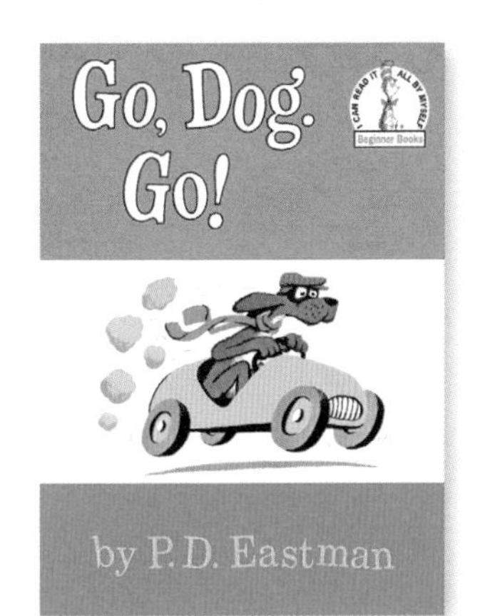

1961년부터 지금까지 리딩을 배우기 시작하는 아이들이 꾸준히 읽어 온 고전 그림책이다. 크고, 작고, 빨갛고, 파랗고, 초록색, 노란색인 개들이 바쁘게 움직인다. 올라가고 내려가고 배를 타고 강도 건넌다. 만날 때마다 "Hello(안녕)", "Good-bye(잘 가)" 인사를 한다. 간단하면서도 흥미로운 대화 속에서 문장을 자연스럽게 반복하며 읽기를 배운다.

《Go, Dog. Go!》
읽어 주는 동영상

노래로 읽어 주는 책들

이전 단계에서도 노래로 책을 읽어 주는 도서들을 소개했다. 여기서는 단어의 수준이 앞 단계보다는 높고 문장이 세 줄 이상으로 구성된 책 중에서 처음부터 끝까지 책을 노래로 읽어 주는 시리즈를 소개한다. 아래의 책들은 유튜브에 공식 노래가 실려 있다. 게재한 영상은 책 한 장 한 장을 움직이는 그림으로 구성하고 노래로 읽어 준다. 반복해서 보여 주고 들려주어 영어 소리에 익숙해지게 한다.

《We All Go Traveling By》(Barefoot Books Singalongs)

작가: Sheena Roberts

빨간색 트럭, 노란색 스쿨버스, 파란색 기차, 초록색 배, 분홍색 자전거를 비롯한 다양한 색과 종류의 교통수단을 소개한다. 영상을 보며 노래를 따라 해보고, 책을 손으로 잡고 넘기며 보게 해주자. 동영상은 노래가 진행됨에 따라 가사의 색깔이 바뀌므로, 그것을 보며 따라 부르면 된다.

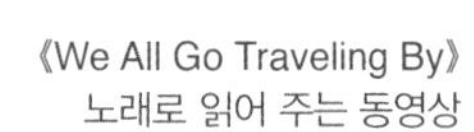
《We All Go Traveling By》
노래로 읽어 주는 동영상

《The Journey Home from Grandpa's》

작가: Jemima Lumley

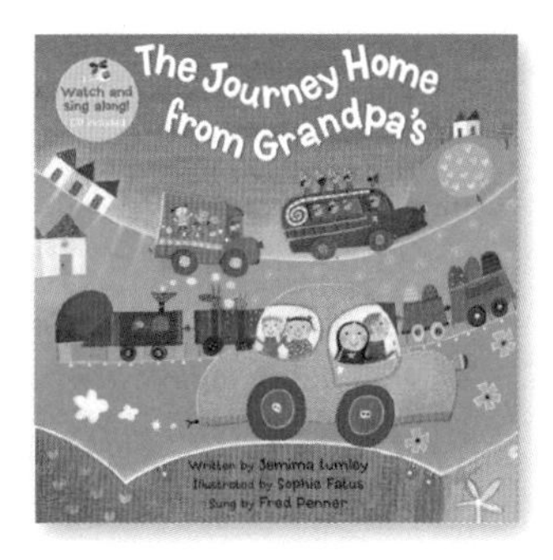

노란색 자동차를 타고 할아버지 댁에서 집으로 가는 즐거운 여행을 생동감 있는 색채로 만난다. 노란 자동차가 집으로 가는 길에 밖으로 보이는 풍경과 다양한 색깔의 차들을 의성어와 의태어를 이용해서 묘사한다. 하얀 헬리콥터가 아래위로 여기저기 움직이고, 보라색 기다란 기차가 빛나는 기찻길을 달려가고, 노란 자동차는 집으로 돌아온다.

《The Journey Home from Grandpa's》
노래로 읽어 주는 동영상

《Is Your Mama a Llama?》 작가: Deborah Guarino

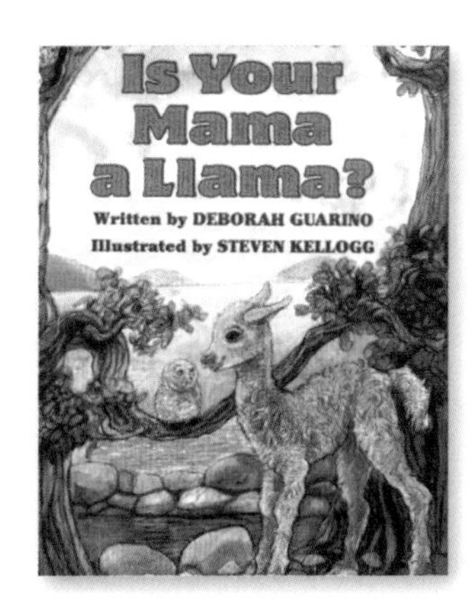

출간된 지 30년이 된 고전이다. 엄마를 찾아 나선 아기 라마 llama가 여섯 마리의 아기 동물들을 만나고 "Is your mama a llama?(너의 엄마는 라마니?)"라고 반복해서 묻는다. 라임이 맞는 문장이 머릿속을 맴돌며 따라 하고 싶어진다. 아래 동영상은 부드러운 선율로 책을 노래로 불러 주는 영상이다. 아이와 들으며 엄마도 따라 불러 보자.

《Is Your Mama a Llama?》
노래로 읽어 주는 동영상

특별활동 《스콜라스틱 헬로 리더》 60초 단어 게임

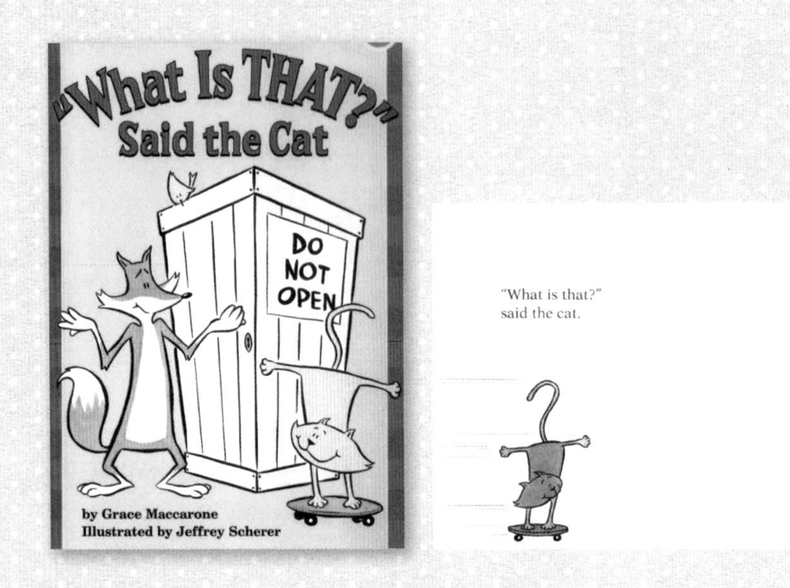

지금까지 세 줄 정도의 문장으로 구성된 책을 만나 보았다. 일부러 외우지 않아도 몇몇 단어는 눈에 익을 것이다. 이를 바탕으로 간단한 단어 외우기 놀이를 해보자. 놀이에 필요한 장난감은 바로 '책'이다.

《스콜라스틱 헬로 리더Scholastic Hello Reader》 시리즈는 미국 유치원과 초등학생의 읽기 능력 향상을 위해 만들어졌다. 1~4단계 구성이다. 짧은 문장이 반복되고 귀엽고 재미있는 캐릭터들이 등장해 아이들이 부담 없이 즐기며 읽을 수 있다. 우리는 레벨 1의 책으로 놀이를 해볼 것이다. 레벨 1은 쉬운 단어가 반복되는 한 줄짜리 그림책이다.

놀이 방법

1. 책의 뒤표지를 펴면 〈Fluency Fun〉 페이지가 나온다. 페이지에 굵은 글씨로 써 있는 단어를 엄마가 읽어 주고 아이가 따라 하게 한다.
2. 〈Fluency Fun〉 페이지의 단어를 읽어 본 후에 CD를 들으면서 책을 처음부터 끝까지 따라 읽는다. 게임은 지금부터 시작한다.
3. 〈Fluency Fun〉의 단어를 반복해서 읽어 보게 한다. 속도를 높여 가며 1분 안에 12개의 단어를 말하는 것을 목표로 한다. 1분 안에 다 읽으면 성공이다.
4. 페이지 아래에 'Look for these words in the story(아래 단어들을 책에서 찾아 보세요)' 부분이 있다. 이 부분의 단어들을 책을 처음부터 넘기며 찾아보게 한다. 책을 훑어보는 과정에서 자연스럽게 복습을 하게 된다. 무엇보다도 아이들이 단어를 찾을 때마다 뛸 듯이 기뻐한다. 성취감과 재미를 동시에 느끼게 해주는 방법이다.

3번의 〈Fluency Fun〉 페이지를 읽을 때는 시간을 재면서 게임처럼 빠르게 읽게 한다. 처음에는 속도가 느리지만 횟수가 늘수록 속도가 빨라지고 승부욕을 발휘하며 아이들이 의외로 열심히 한다. 정확하고 빠르게 읽어서 입에 붙도록 해보자. 다른 책에도 자주 등장하는 단어들이므로 읽기 속도 향상에 도움이 된다. 《스콜라스틱 헬로 리더》 시리즈는 레벨 1이 60권이다. 아이가 좋아하면 더 많은 책을 구해서 놀이를 해본다.

Fluency Fun

The words in each list below end in the same sounds.
Read the words in a list.
Read them again.
Read them faster.
Try to read all 12 words in one minute.

bat	**cow**	**big**
cat	**how**	**dig**
rat	**now**	**pig**
that	**wow**	**wig**

Look for these words in the story.

said **what** **and**
see **know**

STEP 5
우리 아이가 꼭 읽어야 할 강력 추천, **세 줄짜리 그림책 60!**

1단계, 도전 20권!

칼데콧상 수상작

1
Madeline
작가: Ludwig Bemelmans

칼데콧상 수상작

2
Frederick
작가: Leo Lionni

3
Be Quiet!
작가: Ryan T. Higgins

칼데콧상 수상작

4
The Three Pigs
작가: David Wiesner

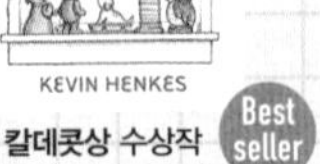

칼데콧상 수상작 Best seller 뉴욕타임즈 베스트셀러

5
Waiting
작가: Kevin Henkes

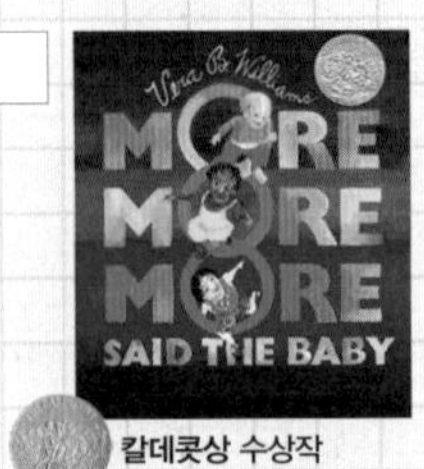

칼데콧상 수상작

6
More More More, Said the Baby
작가: Vera B. Williams

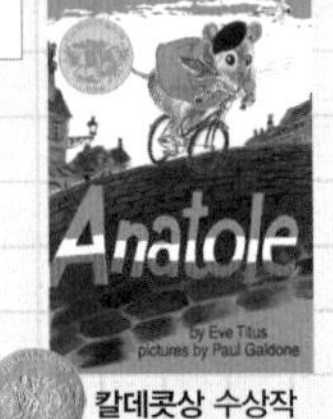

칼데콧상 수상작

7
Anatole
작가: Eve Titus

칼데콧상 수상작

8
Zen Shorts
작가: Jon J. Muth

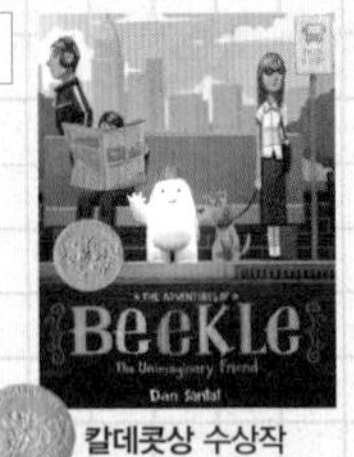

칼데콧상 수상작

9
The Adventures of Beekle
작가: Dan Santat

Best seller 아마존 베스트셀러

10
The Hiccupotamus
작가: Aaron Zenz

한 줄짜리라도 글씨가 작거나 단어의 난이도가 높은 책은 세 줄짜리 추천도서에 넣었다. 한편 페이지마다 문장이 다섯줄 이상을 차지하거나 더 많은 문장으로 쓰여 있더라도 쉬운 단어로 구성된 책은 Step 5 추천도서에 포함했다. 참고하여 아이의 취향에 맞는 책부터 읽힌다.

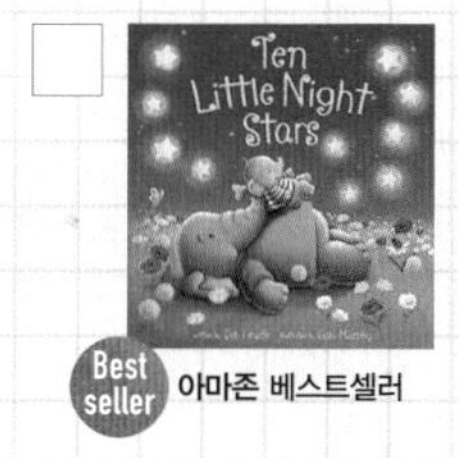

11
Ten Little Night Stars
작가: Deb Gruelle

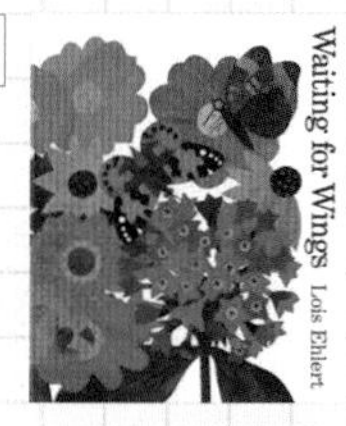

12
Waiting for Wings (Rise and Shine)
작가: Lois Ehlert

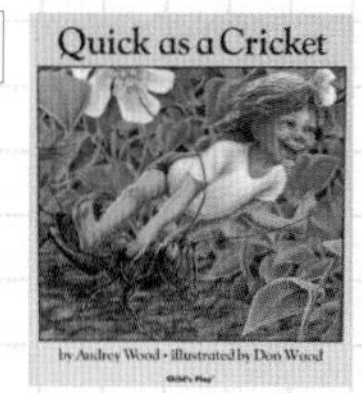

13
Quick As a Cricket (Child's Play Library)
작가: Audrey Wood

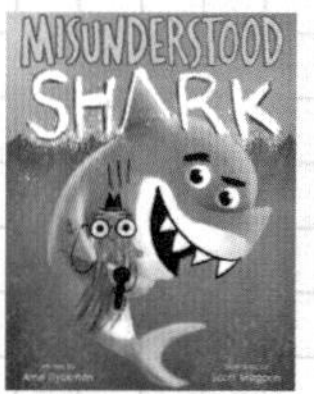

14
Misunderstood Shark
작가: Ame Dyckman

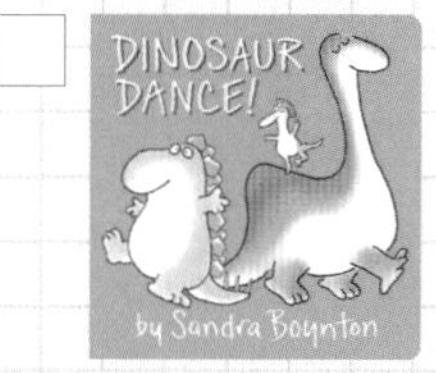

15
Dinosaur Dance!
작가: Sandra Boynton

16
Here, George!
작가: Sandra Boynton

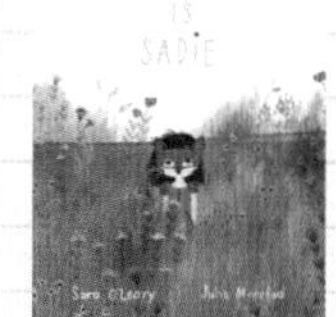

17
This Is Sadie
작가: Sara O'Leary

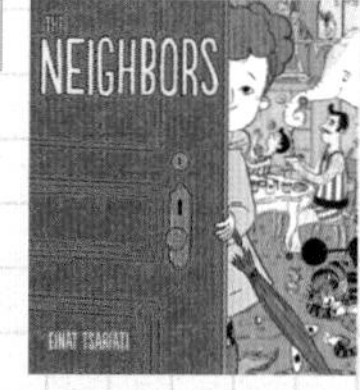

18
The Neighbors
작가: Einat Tsarfati

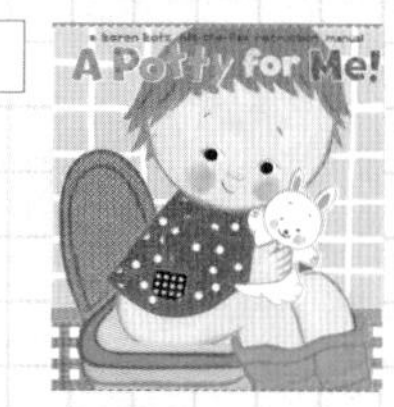

19
A Potty for Me!
작가: Karen Katz

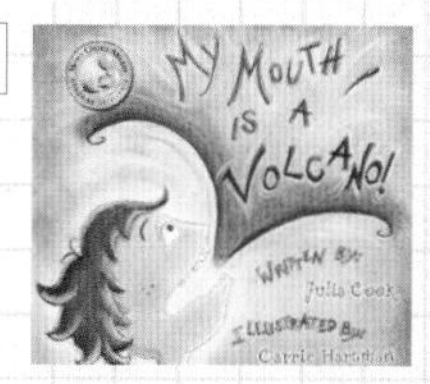

20
My Mouth Is a Volcano!
작가: Julia Cook

STEP 5
우리 아이가 꼭 읽어야 할 강력 추천, **세 줄짜리 그림책 60!**

2단계 40권 돌파, 칭찬 필수!

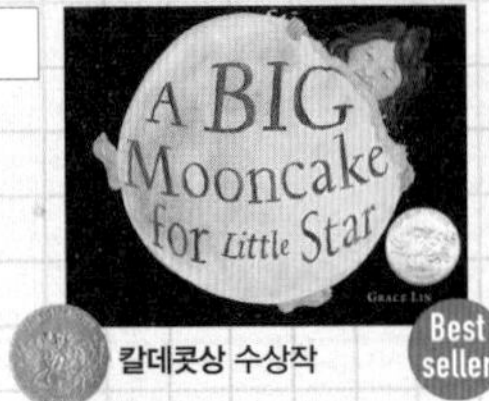

21
A Big Mooncake for Little Star
작가: Grace Lin
칼데콧상 수상작
Best seller 아마존 베스트셀러

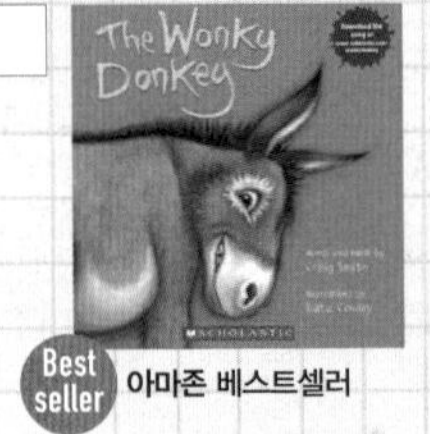

22
The Wonky Donkey
작가: Craig Smith
Best seller 아마존 베스트셀러

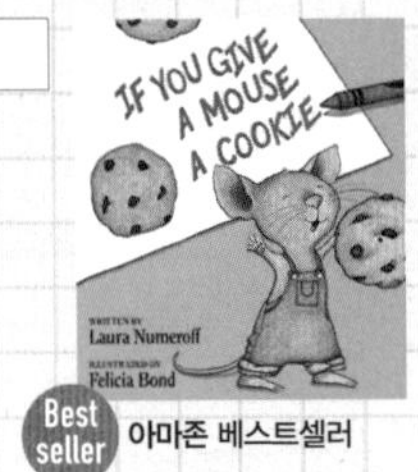

23
If You Give a Mouse a Cookie
작가: Laura Numeroff
Best seller 아마존 베스트셀러

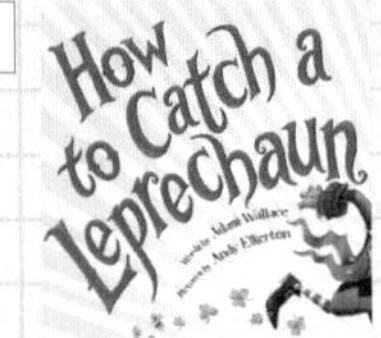

24
How to Catch a Leprechaun
작가: Adam Wallace

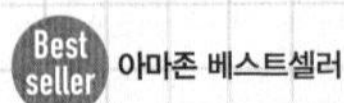

아마존 베스트셀러

25
Bonaparte Falls Apart
작가: Margery Cuyler

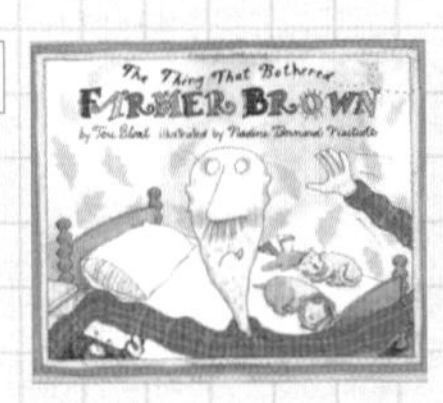

26
The Thing That Bothered Farmer Brown
작가: Teri Sloat

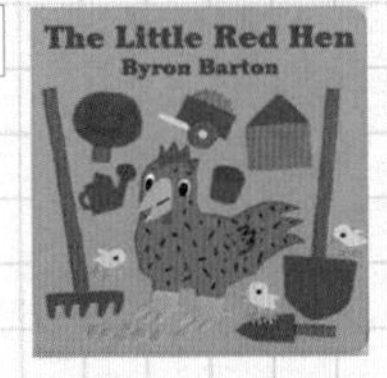

27
The Little Red Hen Board Book
작가: Byron Barton

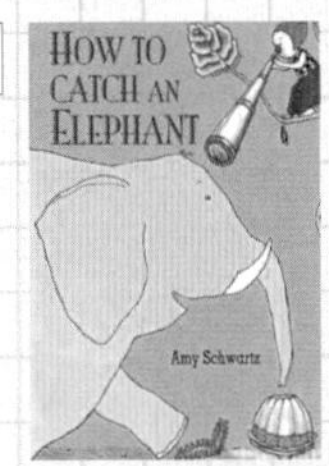

28
How to Catch An Elephant
출판사: DK

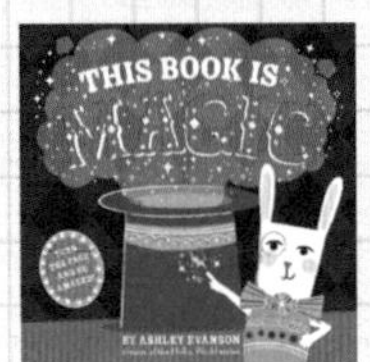

29
This Book Is Magic
작가: Ashley Evanson

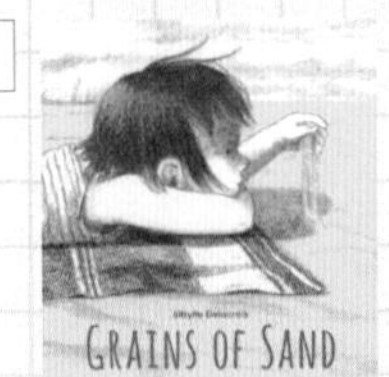

30
Grains of Sand
작가: Sibylle Delacroix

31

Don't blink!

작가: Amy Krouse Rosenthal

32

Happy Pig Day!

작가: Mo Willems

33

My New Friend Is So Fun!

작가: Mo Willems

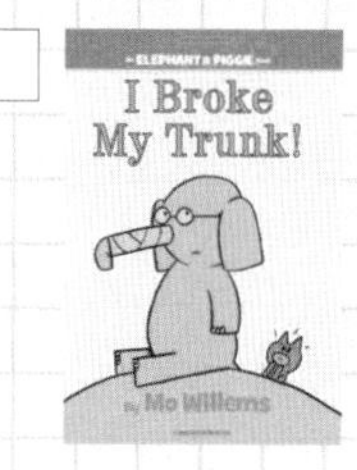

34

I Broke My Trunk!

작가: Mo Willems

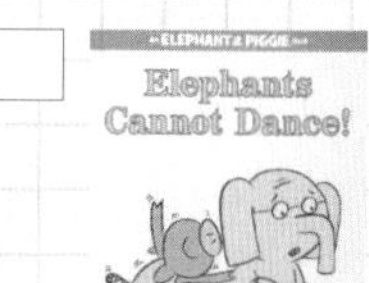

35

Elephants Cannot Dance!

작가: Mo Willems

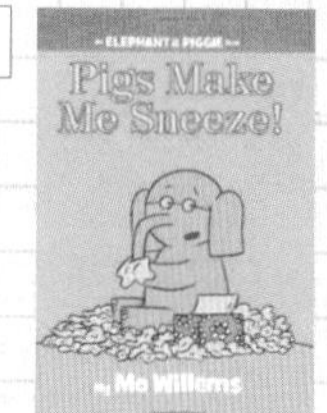

36

Pigs Make Me Sneeze!

작가: Mo Willems

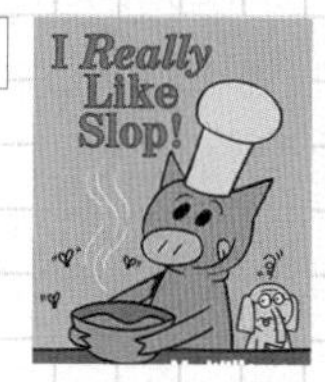

37

I Really Like Slop!

작가: Mo Willems

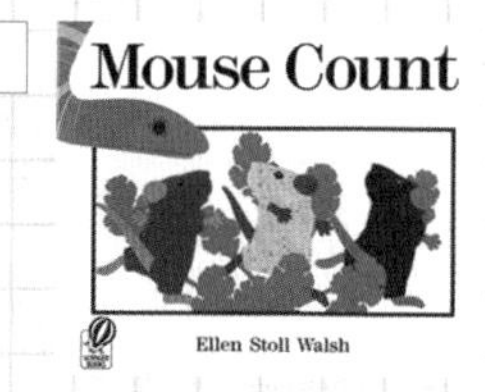

38

Mouse Count

작가: Ellen Stoll Walsh

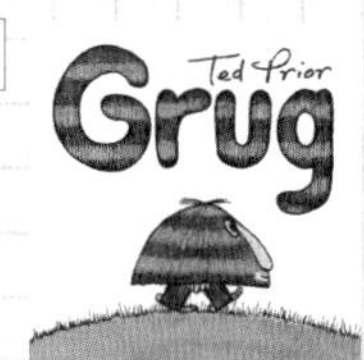

39

Grug

작가: Ted Prior

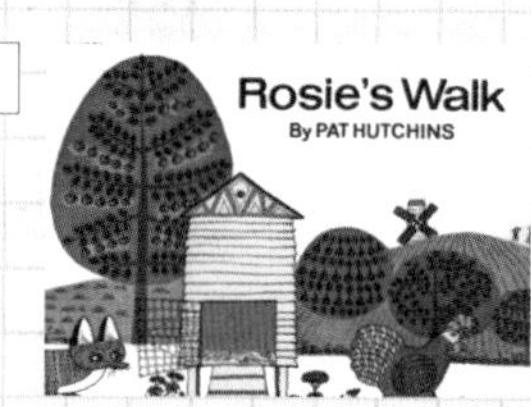

40

Rosie's Walk

작가: Pat Hutchins

STEP 5

우리 아이가 꼭 읽어야 할 강력 추천, **세 줄짜리 그림책 60!**

파이널, 60권 완결, 선물 준비!

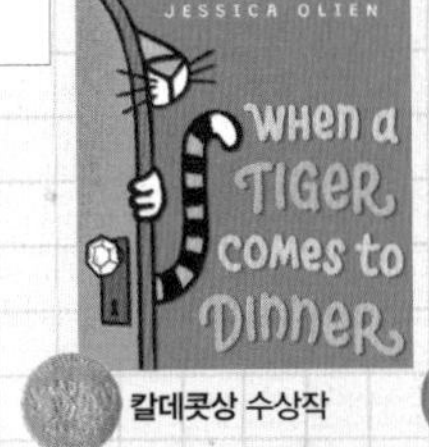

41

When a Tiger Comes to Dinner

작가: Jessica Olien

칼데콧상 수상작

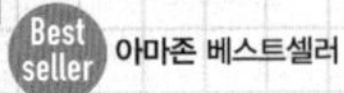

아마존 베스트셀러

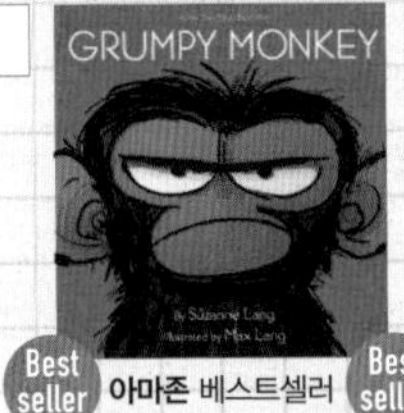

42

Grumpy Monkey

작가: Suzanne Lang

Best seller 아마존 베스트셀러 Best seller **뉴욕타임스** 베스트셀러

43

Space Squad

작가: Finn Coyle

Best seller 아마존 베스트셀러

44

Mouse Paint

작가: Ellen Stoll Walsh

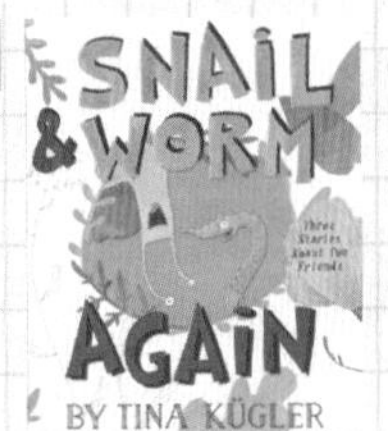

45

Snail and Worm Again

작가: Tina Kügler

46

Puddle

작가: Hyewon Yum

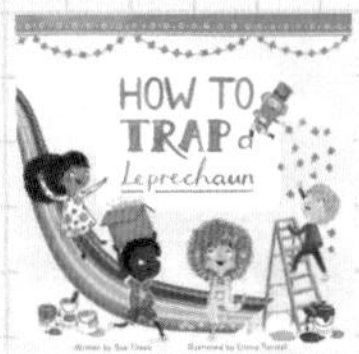

47

How to Trap a Leprechaun

작가: Sue Fliess

48

P is for Potty!

작가: Naomi Kleinberg

49

The Feelings Book

작가: Todd Parr

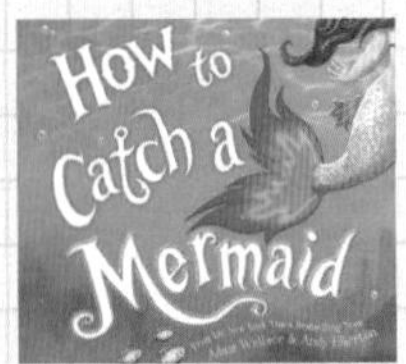

50

How to Catch a Mermaid

작가: Adam Wallace

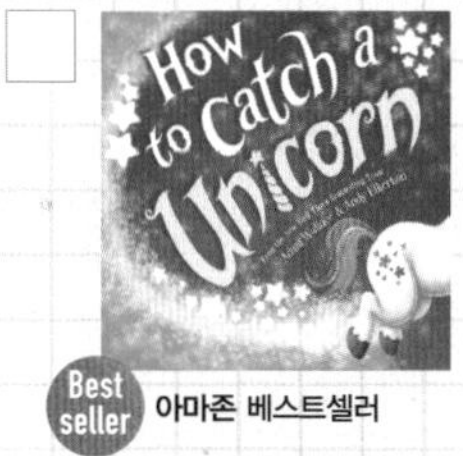

51

How to Catch a Unicorn

작가: Adam Wallace

Best seller 아마존 베스트셀러

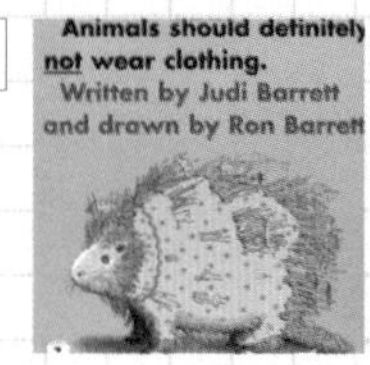

52

Animals Should Definitely Not Wear Clothing

작가: Judi Barrett

53

Harry the Dirty Dog

작가: Gene Zion

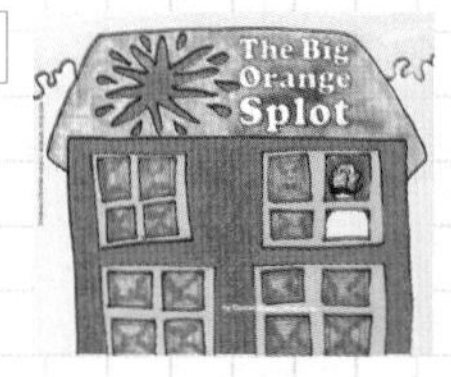

54

The Big Orange Splot

작가: D. Manus Pinkwater

55

The Wind Blew

작가: Pat Hutchins

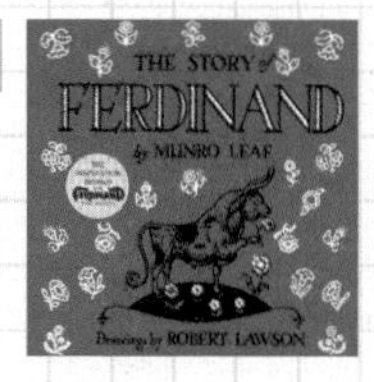

56

The Story of Ferdinand

작가: Munro Leaf

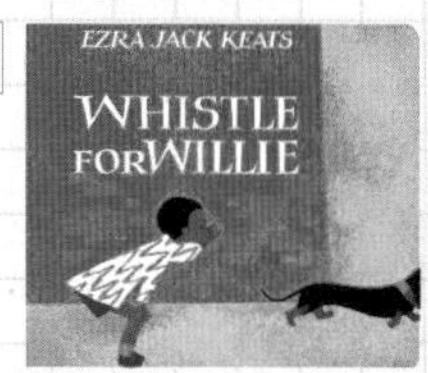

57

Whistle for Willie

작가: Ezra Jack Keats

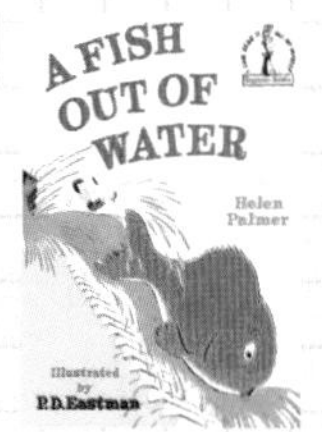

58

A Fish Out of Water

작가: Helen Palmer

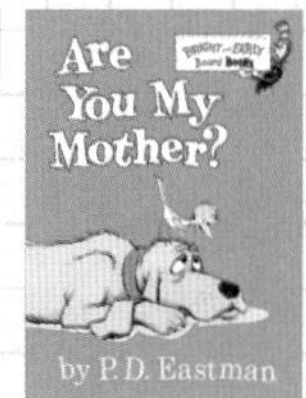

59

Are You My Mother?

작가: P.D. Eastman

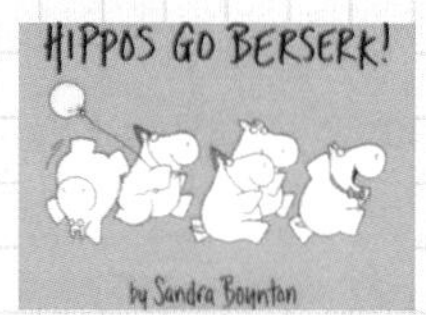

60

Hippos Go Berserk!

작가: Sandra Boynton

Q: 아이가 책을 다 이해했나 궁금해서 자꾸 해석을 시키게 돼요. 괜찮을까요?

A: 초등 2학년 자녀가 영어 학원을 다닌다며 동네 엄마가 아이의 숙제를 보여 준 적이 있습니다. 숙제를 보자마자 당장 그 학원을 그만두라고 단호히 말했습니다. 이유는 학원 숙제가 영어 문장을 우리말로 해석해 오는 것이었기 때문입니다. 이렇게 말할 수 있었던 것은 고민할 필요가 없는 문제였기 때문입니다.

통역사, 번역사가 왜 고액을 받고 일할까요? 매우 어려운 일을 하기 때문입니다. 그 아이는 초등 1학년 때부터 영어를 배우기 시작한 아이였어요. 영어를 막 배우기 시작한 아이에게 번역이라니… 아이가 얼마나 어렵고 지쳤을까요?

영어가 어려운 이유가 뭘까요? 어순이 다르고, 단어가 생소해서 우리말과 전혀 다르기 때문입니다. 영어를 잘하기 위한 처음 단계는 영어에 '익숙'해지는 것이에요. 그런데 영어 어순도 낯선 아이에게 우리말 번역을 시킨다는 것은 영어 어순 자체에 익숙해지게 하는 길을 막는 것이나 다름없습니다. 오히려 한국어 어순에만 익숙해질 거예요. 영어를 영어 그대로 받아들이도록 해야 합니다.

엄마들도 아이가 책을 읽을 때 문장을 이해했느냐며 해석을 시키는 경우가 많이 있어요. 그런 일은 절대 하지 말라고 하고 싶습니다. 아이가 영어와 멀어지고 영어에 질리게 하는 지름길이 될 수 있습니다.

한번은 큰아이가 영자 신문의 기사를 읽고 있는데, 글 중에 'irrelevant'라는 단어가 있었습니다. 아이에게 "irrelevant가 무슨 말이야?"라고 물었습니다. 아이가 "'중요하지 않은'이라는 의미 같은데"라고 하기에 "《해리포터》 읽는 애가 이것도 모르면 어떡해?" 하며 버럭 화를 냈습니다. 중학교 때부터 단어만 달달 외우며 영어를 배웠던 저는 '상관없는', '무관한'이라는 의미로만 외운 기억이 나서 아이가 잘못 이해했다고 생각한 것입니다.

그러고 나서 뭔가 꺼림칙해서 아이 몰래 영영 사전을 찾아 봤습니다. 세상에, 'irrelevant'의 정의 중에 'not important to(중요하지 않은)'가 떡하니 있는 것이 아니겠어요. 별것도 아닌 걸로 알지도 못하면서 아이를 잡은 것이 얼마나 미안하던지…. 하지만 지금도 큰아이는 엄마의 실수를 알지 못합니다. 굳이 말을 안 했으므로.

아이들에게 꼬치꼬치 해석을 시켜서는 안 됩니다. 한 단어가 문맥에 따라 여러 의미를 가지게 되는 영어의 특성상 문장 몇 개 해석해 본다고 독해력이 확 늘지도 않아요. 엄마도 정답을 정확히 알지 못하고요. 모든 아이는 엄마보다 영어에 대한 감이 훨씬 뛰어납니다.

영어와 능동적으로 접해 보는 절대 시간이 필요합니다. 이제 막 영어를 시작하는 우리 아이들. 아이를 믿고 시간을 줘야 합니다. 아이를 믿으셔야 합니다! 책을 통해 다양한 문장을 만나 보고 어휘를 스스로 익히면, 그것이 몸에 배어 느낌으로, 그러나 정확히 영어 단어를 이해하게 될 것입니다.

Step 5-1.

파닉스 짚고 가기

MOUSE HOUSE

Mouse on house.

MOUSE

House on mouse.

파닉스 학습은 언제, 어떻게 시작하나

아이 영어에 관심을 가진 엄마들이 가장 많이 듣는 단어가 아마 '파닉스'라는 말일 것이다. '파닉스Phonics'란 영어 단어가 가진 소리와 발음을 배우는 공부다. '발음 [ㅋ]는 c, k, ck 중 하나로 쓰여진다'와 같이, 어떤 발음이 어느 문자군과 결합되어 있는지를 알려 주는 공부법이다.

다시 말해, 알파벳이 조합되는 경우에 따라서 어떻게 소리가 나는가에 대하여 학습하는 것이다. 그러므로 파닉스를 알면 단어 뜻을 몰라도 영어를 읽을 수 있다.

물론 파닉스를 따로 공부하지 않아도 책만 많이 읽으면 문제가 되지 않는다. 실제로 책만 읽어서 네이티브 수준의 영어를 구사해 SBS 〈영재 발굴단〉에 출연한 제이라는 친구를 《10살 영어자립! 그 비밀의 30분》에 소개한 바 있다. 제이는 4세에 한글을 떼고 7세까지 1,500여 권이 넘는 영어 원서를 읽었다. 물론 CD를 들으면서 읽었다. 그러다 보니 따로 파닉스를 학습하지 않았지만 영어를 읽고 말하는 데 문제가 없었다. 하지만 아이들을 가르쳐 보니 파닉스를 학습해 놓으면 리딩이 훨씬 더 빨리 성장하는 것을 볼 수 있었다. 따라서 이쯤에서 파닉스를 짚고 넘어가면 좋을 것 같다.

전체 영어 단어 중에 파닉스 규칙에 맞게 발음되는 단어는 60~70%뿐이라고 한다. 즉, 파닉스에 완성이란 없다. 처음 영어를 배우는 아이들에게 파닉스를 완벽하게 습득시키겠단 생각은 하지 않는 것이 좋다. 하지만 이는 바꿔 말하면 파닉스만 익혀 두면 영어 단어의 70%를 읽을 수 있다는 의미이기도 하다. 따라서 영어를 배우기 시작할 때 파닉스의 기초를 학습해 놓으면 영어 읽기가 훨씬 빠르게 진행된다. 배움의 기쁨을 깨달은 아이가 스스로 책을 더 재미있게 읽게 되는 데 도움이 되는 것이다.

자, 그럼, 파닉스 학습은 언제 시작하는 것이 좋을까? 영어를 아예 접하지도 않은 상태에서 배우는 것은 역효과를 낼 수 있다. 숫자가 무엇인지 모르는 아이에게 구구단을 외우게 하는 것과 비슷하다. 파닉스는 아이에게 6개월 이상 영어를 노출시킨 뒤 배우게 한다. 단, 아이가 초등 2학년 이상이면 알파벳을 습득한 후 바로 영어 책 읽기와 파닉스 익히기를 병행하는 것도 좋다.

그때는 유치원 및 여러 경로를 통해 영어를 접한 상태이고 학교생활을 통해 아이의 학습 뇌가 발달한 상태이므로 함께 진행해도 큰 거부감 없이 받아들이게 된다. 하지만 아이가 6세 이하라면 영어 노래와 영어 책 읽어 주기를 병행하며, 최소 6개월 이상 영어와 친해지게 한 후에 진행하는 것이 효율적이다. 영어가 무엇인지도 모르는데 처음부터 파닉스를 들어가면 시작하기도 전에 질릴 수 있다.

책을 읽어 주다 보면 자주 반복해서 나오는 단어들이 있다. 'apple(사과)', 'animal(동물)'과 같은 단어를 책에서 눈으로 보고, 엄마가 읽어 주거나 CD로 들으면 아이는 설명하지 않아도 'a'의 발음을 '애'로 인식하게 된다. 일부러 가르쳐 주지 않아도 스스로 어떤 알파벳이 어떤 소리가 나는지를 깨닫게 되는 것이다. 이처럼 자연스러운 체득을 통해 파닉스의 기본 규칙에 익숙해지게 해주고, 나중에 규칙으로 정리해 준다.

풍부한 양의 그림책을 읽은 아이들은 눈과 귀에 파닉스 규칙이 체득된 상태이므로 파닉스 규칙을 정리해 주는 학습서를 좀 더 쉽게 이해할 수 있다. 아래에서 추천할 파닉스 학습서들은 손으로 쓰면서 소리 내어 읽어 봐야 한다. 눈과 귀로 소리가 익숙해졌으므로 손으로 써보고 실제로 음독함으로써 입체적으로 파닉스가 몸에 익숙해지게 하기 위함이다.

파닉스 규칙이 예외가 많아서 걱정이라면, 지금 단계에서는 전혀 걱정하지 않아도 된다. 원어민도 책을 풍부하게 읽지 않으면 파닉스 규칙에 맞지 않는, 처음 보는 단어는 제대로 읽지 못한다. 초등 저학년 시기까지 알아야 할 파닉스 불규칙 단어는 다음에 나올 특별활동 '사이트워드sight words'로 정리해 놓았다. 일단 그것만 익숙해지면 그림책을 읽는 데는 무리가 없다.

그리고 결국 아이의 리딩 수준에 맞는 파닉스의 완성은 '책'을 통해 이루어진다. 파닉스 문제집만 백날 풀어 봤자 응용이 안 된다. 책을 통해 여러 문장과 단어를 만나고 소리 내어 읽어 봄으로써 몸에 배도록 해야 한다. 파닉스를 처음 시작할 때는 문제집과 책을 병행하고, 그다음에는 책으로 시기에 맞는 파닉스를 완결하면 된다.

외우지 않고 익히는 파닉스

목표 | 파닉스 기초 규칙 알기
시간 | 주 3회, 15분
기간 | 3개월
과정 | 1) 파닉스 동영상과 학습서 병행하기
2) 파닉스 응용 그림책 가지고 다니며 자주 읽기
특별활동 | 사이트워드 게임

영어 노래와 한 줄짜리 그림책을 거쳐 세 줄짜리 책까지 만나면서, 만만하고 재미있게 영어의 소리와 생김새를 느껴 보았다. 50~100개의 영어 단어는 반복해서 익숙하게 봐왔으므로 이제 파닉스를 짚고 넘어가기로 한다.

알파벳을 배운 후 바로 시작하지 않고 지금 단계에서 파닉스를 학습하는 이유는 앞에서 설명한 바와 같다. 영어 단어를 전혀 모르는 상황에서 파닉스를 시작하면 이해하는 데 오래 걸리고 지칠 수 있기 때문이다. 따라서 6개월에서 1년 이상 영어 노래와 책으로 자연스럽게 영어에 노출시킨 뒤, 파닉스 과정을 밟도록 한다. 파닉스를 반드시 배워야 하는 것은 아니다. 하지만 파닉스 학습을 해두면 영어를 읽는 속도가 빨라진다.

여기서는 파닉스의 기초 규칙을 이해하고 책으로 즐기며 연습해 볼 것이다. 규칙을 배우려면 어느 정도 암기가 필요하지만 처음 접할 때는 부담 없이, 학습이라는 인식이 생기지 않도록 노래로 만난다. 파닉스 학습 동영상은 하루 15~30분간 자유롭게 보여 준다. 동영상이 재미있어서 한 시간이 넘게 보려고 하는 때도 있다. 파닉스 학습에 필요하기는 하지만 오랜 시간 영상을 시청하는 것은 좋지 않으므로 부모가 규율을 정해 시간을 조절해 가면서 보여 준다.

우리 아이 **첫 파닉스 학습 노래들**

〈Story of Alphabet〉

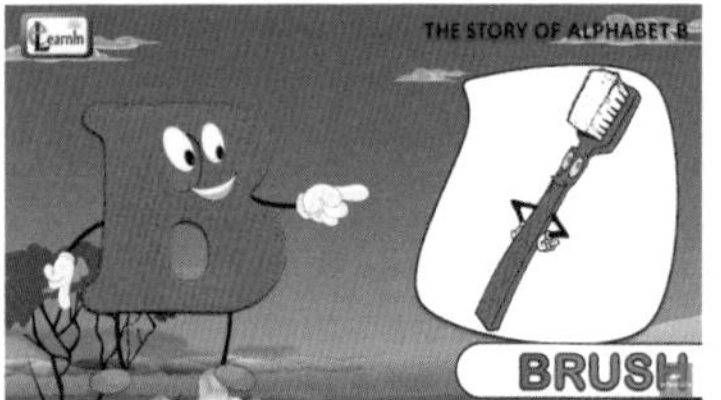

〈Story of Alphabet〉 노래는 A부터 Z까지 천천히 알파벳 대문자와 소문자를 보여 주며 26개 알파벳의 발음을 알려 준다. 그리고 "A for apple, A for ant, A for aeroplane(A는 사과, 개미, 비행기)"와 같은 방법으로 각각의 알파벳으로 시작하는 6개의 단어들을 보여 준다. 노래와 그림으로 보여 주고 들려주므로 단어가 무슨 뜻인지 그림을 보고 알 수 있다. 반복해서 보여 주며 아이가 자연스럽게 규칙에 익숙해지도록 한다.

〈Story of Alphabet〉
노래 동영상

〈Phonics Songs〉

"브, 브, 브 for ball(공)" "크, 크, 크 for kangaroo(캥거루)"와 같이 알파벳 발음을 들려주고 각 알파벳으로 시작하는 다양한 단어를 그림과 함께 발음하게 한다. 음악이 편안하고 친근하게 조합돼 있어서 세 살 아이도 천천히 따라 할 수 있다. 부드러운 음악 속에서 파닉스의 기초를 습득한다.

〈Phonics Songs〉
노래 동영상

〈Meet the Phonics〉

여러 소리를 가진 알파벳이 단어에 따라 다르게 발음되는 경우를 제시하고, 그 알파벳으로 시작되는 단어들을 그림으로 보여 주며 읽어 준다. 예를 들어, 'g'는 'ㄱ' 또는 'ㅈ'로 발음되는데, 두 개의 다른 발음을 세 번씩 따라 하게 한 후 'g'로 시작되는 단어들을 알려 준다. 'ㄱ'으로 발음되는 '굿good(좋은)'과 'ㅈ'으로 발음되는 '자이언트giant(거인)'를 비교하는 것이다. 모음도 올바른 발음을 여러 번 들려주고 같은 발음으로 시작되는 단어를 알려 준다.

〈Meet the Phonics〉
노래 동영상

〈Apples and Bananas〉

영어의 모음을 가장 잘 연습할 수 있게 만든 동요다. 원어민 유치원에서도 들려준다. 'apple', 'banana'는 [애플], [바나나]로 발음되는데 단어 속의 'a'를 'o'로 바꾸면 [오플], [보노노]로 발음이 바뀐다. 이처럼 바뀐 단어를 노래로 따라 부르게 한다. 'a'를 'e, i, o, u' 네 개의 모음으로 모두 바꿔서 불러 준다. 신나는 음악 속에서 영어 모음을 읽는 방법을 익힐 수 있다.

〈Apples and Bananas〉
노래 동영상

우리 아이 **첫 파닉스 학습서**

파닉스 학습과정에 포함코자 Step 5–1에서 소개하지만, 쓰기를 시작하기에 적당한 시기는 5세 이상이다. 일단 아이가 연필을 쥘 수 있어야 하기 때문이다. 아이의 손 근육 발달상황을 고려해 진행한다. 아이가 연필을 잡기 어려워하고 글쓰기를 싫어하면 당장 멈추고 책과 노래로만 접근하자. 영어를 좀 더 노출시킨 후 파닉스 문제집을 이용해도 무방하다.

학습서 시작은 《Fly Phonics》부터다. 처음 《Fly Phonics》 시리즈를 완결한 후 《Smart Phonics》 시리즈로 한 번 더 정리해도 좋고, 처음부터 《Smart Phonics》로 시작해도 된다. 훑어본다는 생각으로 규칙을 설명해 주고 문제에 나온 순서대로 읽고 빈칸을 채우게 한다. 틀린 것은 한 번만 다시 읽고 그냥 넘어간다. 아이가 규칙을 완벽하게 파악할 때까지 반복해서 외우게 하지 않는다. 그렇게 하면 아이도 엄마도 지칠 뿐 아니라 기초 파닉스의 완성은 결국 책을 통해 이루어지기 때문이다.

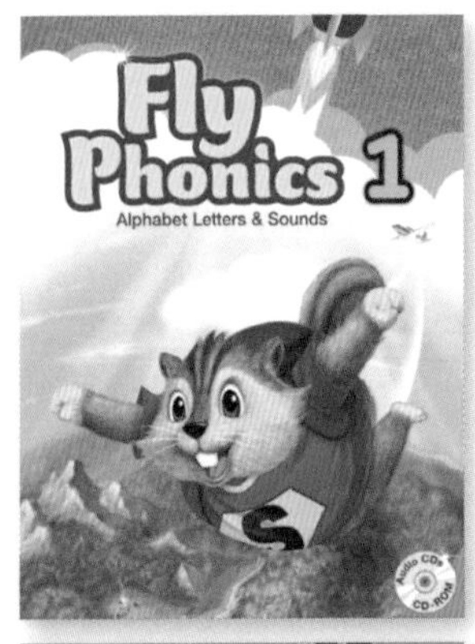

《Fly Phonics》 출판사: TWOPONDS

그림과 글자를 쓰는 칸이 간단하고 큼지막하게 나온 책이다. 5세 정도에 처음 파닉스를 학습하는 아이들에게 적합하다. 작은 글자 쓰기가 서툰 아이, 글쓰기 싫어하는 남자 아이에게 유용하다. 부록으로 짧은 읽기 퀴즈도 포함되어 있어서 단모음을 익히면서 간단한 문장으로 읽기reading를 해볼 수 있다. 총 4권 구성이다.

《Smart Phonics》 출판사: e-future

《Fly Phonics》를 끝낸 후 《Smart Phonics》로 다시 공부하면 아이가 지루해하지 않고 다양한 문장으로 파닉스를 연습해 볼 수 있다. 6세 이상의 아이라면 바로 《Smart Phonics》로 시작해도 된다. 내용이 상세하고 워크북과 함께 활용하면 반복 학습이 된다. 학습한 파닉스 규칙을 이용해 읽을 수 있는 짧은 책도 붙어 있다. 문제집을 풀고 책을 읽으며 복습한다. 다양한 게임, 활동지로 아이들이 재미있게 학습할 수 있다. 책 뒤에 플래시카드flash cards가 삽입되어 있으니, 잘라서 가지고 다니며 소리 내어 읽어 보자. 총 5권으로 구성되어 있다.

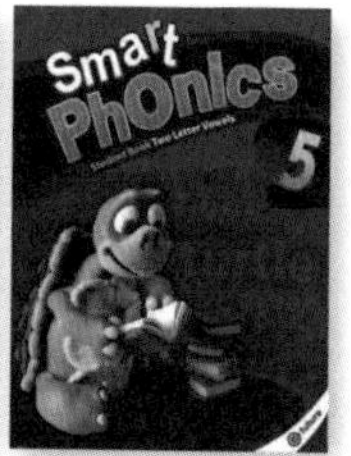

《Primary Phonics Storybooks in Set 1 & Set 2》 출판사: Educators Pub Service

체계적으로 파닉스를 학습하게 하는 시리즈다. 알파벳 자음부터 시작해서 이중모음까지 배울 수 있다. 그림을 보고 어휘의 의미를 유추할 수 있도록 구성되어 있고 그 책에서 배운 파닉스 단어로 만들어진 짧은 문장이 나온다. 짧은 이야기지만 스토리가 재미있어서 아이들이 반복해서 읽고 싶어 한다. 스토리북은 컬러링북 형태로 되어 있어 책을 읽고 색칠하는 즐거움도 만끽한다. 스토리북 30권, 워크북 30권, 총 60권으로 구성되어 있는데, 스토리북 세트 1(10권)과 세트 2(10권)만 학습하면 된다. 16페이지밖에 안 되고 글이 한두 줄 차지하는 컬러링북이라 금세 끝낼 수 있다.

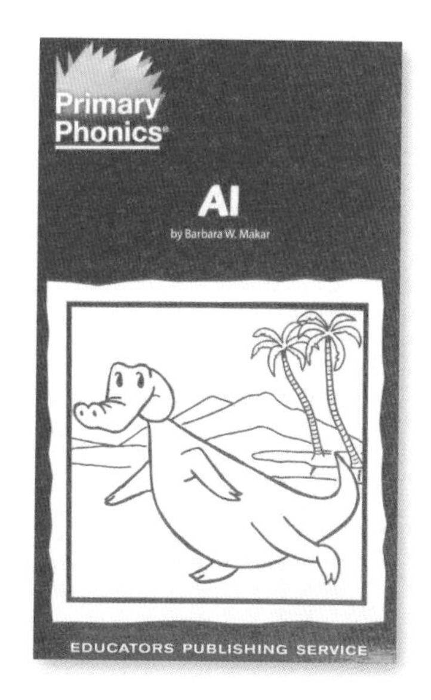

파닉스에 중점을 두고 쓰인 **그림책**

《I Can Read!》 시리즈는 1957년부터 현재까지 570종이 넘는 책이 출간된 시리즈다. 아이들이 영어 책을 읽을 수 있도록 하기 위해 만들어졌다. 단계별로 따라 읽어 나가면 영어 읽는 법을 체계적으로 깨칠 수 있다. 영어를 배우기 시작하는 원어민 아이들이 유치원과 학교에서 권장 도서로 읽는다. 읽기reading 수준을 높여 가며 읽을 수 있도록 단계별로 구성돼 있다. 마이 퍼스트My First 레벨부터 레벨 4까지 있고, 파닉스 학습을 위한 파닉스 단계가 있다.

《I Can Read! Phonics》(Biscuit 편)
+ 원어민이 책 읽어 주는 동영상

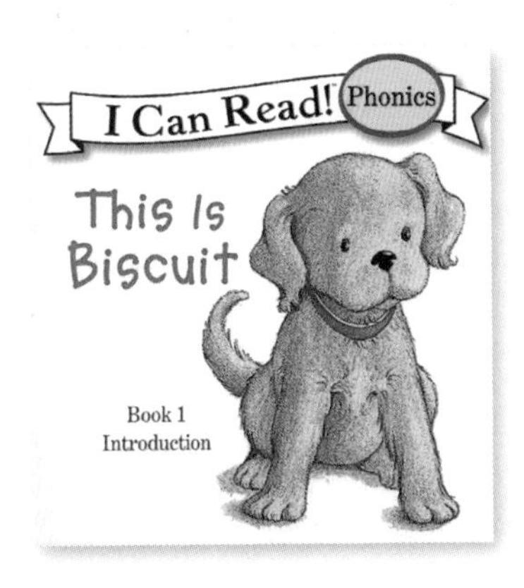

《I Can Read Book》 파닉스 단계는 아이의 첫 번째 파닉스 연습 그림책으로 적격이다. 귀여운 강아지 캐릭터 비스킷Biscuit의 일상을 쉽고 반복되는 단어로 구성했다. 각 권마다 그 책에서 배우게 될 모음의 발음을 첫 페이지에서 보여 주고 책이 시작된다.

총 12권으로 되어 있는데, 원어민이 읽어 주는 동영상을 모두 수록했다. 동영상에서는 단어를 읽어 줄 때마다 화면에 읽어 주는 단어가 나타난다. 자주 따라 읽고 반복되는 단어는 숙지하도록 한다. 책 크기가 손바닥만 하고 단어가 어렵지 않으므로, 들고 다니며 읽어 주자.

Book 1

Introduction은 전체 시리즈의 소개편이다.

《This is Biscuit Introduction, Book 1》 읽어 주는 동영상

Book 2

Short a (단모음 a)
발음을 배운다.

《Biscuit and the Cat, Book 2》
읽어 주는 동영상

Book 3

Short e (단모음 e)
발음을 배운다.

《Biscuit and the Hen, Book 3》
읽어 주는 동영상

Book 4

Short u (단모음 u)
발음을 배운다.

《Biscuit's Tub Fun, Book 4》
읽어 주는 동영상

Book 5

Short i (단모음 i)
발음을 배운다.

《Biscuit's Trick, Book 5》
읽어 주는 동영상

Book 6

Short o (단모음 o)
발음을 배운다.

《Biscuit and the Box, Book 6》
읽어 주는 동영상

Book 7

Book 2에서 다루지 않은
Short a (단모음 a)
발음을 배운다.

《Biscuit and Sam, Book 7》
읽어 주는 동영상

Book 8

Book 3에서 다루지 않은
Short e (단모음 e)
발음을 배운다.

《Biscuit and the Nest, Book 8》
읽어 주는 동영상

Book 9

Book 4에서 다루지 않은
Short u (단모음 u)
발음을 배운다.

《Biscuit and the Duck, Book 9》
읽어 주는 동영상

Book 10

Book 5에서 다루지 않은
Short i (단모음 i)
발음을 배운다.

《Biscuit and the Kittens, Book 10》
읽어 주는 동영상

Book 11

Book 6에서 다루지 않은
Short o (단모음 o)
발음을 배운다.

《Biscuit and the Frog, Book 11》
읽어 주는 동영상

Book 12

리뷰 편은 지금까지 익힌
파닉스 단어들을 한 번 더
연습할 수 있게 구성돼 있다.

《Biscuit Review, Book 12》
읽어 주는 동영상

《I Can Read! Phonics》

(Little Critter 편)

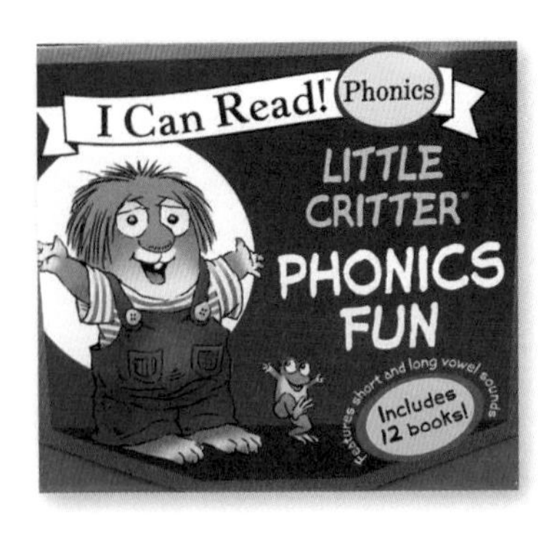

《I Can Read! Phonics》 중 주인공이 독특하게 생긴 리틀크리터Little Critter 편이다. 비스킷Biscuit 편이 단모음을 연습하도록 구성돼 있다면 이 편은 단모음을 포함해 장모음 'a. e, i, o, u'를 연습할 수 있다. 또한 이중자음 'sh, ch, th' 등의 발음도 익힐 수 있다.

파닉스를 응용해요!
파닉스 응용 그림책들

각각의 알파벳이 어떻게 발음되는지 파악했다면, 이제는 배운 파닉스를 활용해 그림책을 읽어 보자. 재미있는 그림과 간단한 단어로 이루어진 책들을 읽다 보면 영어 읽기에 자신감이 붙을 것이다.

《Hop on Pop》 작가: Dr. Seuss

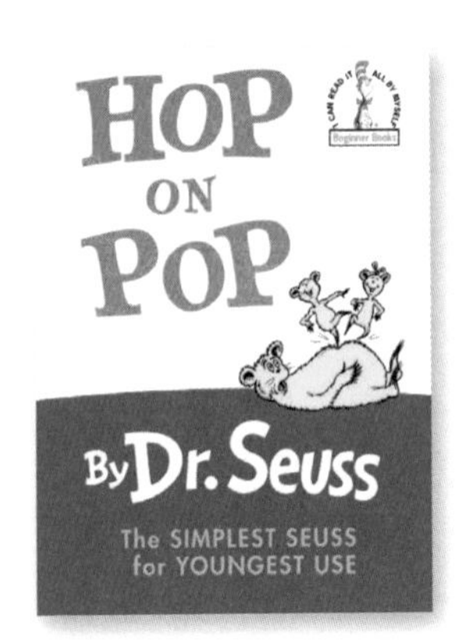

닥터 수스 박사의 책은 원어민 아이들이 영어를 배울 때 가장 많이 보는 책 중 하나다. 특히 파닉스 기초에 중점을 둔 시리즈가 많다. 대표 책인 《Hop on Pop》은 알파벳 하나씩만 바꿔도 발음과 의미가 전혀 다른 새로운 단어가 되는 영단어의 특성을 쉽게 보여 주는 그림책이다. 노래로 책을 읽어 주는 영상을 보며 따라 부르게 하고 책장을 넘기며 부모가 읽어 준다.

《Hop on Pop》
노래로 읽어 주는 동영상

《Mouse Makes Words》 작가: Kathryn Heling

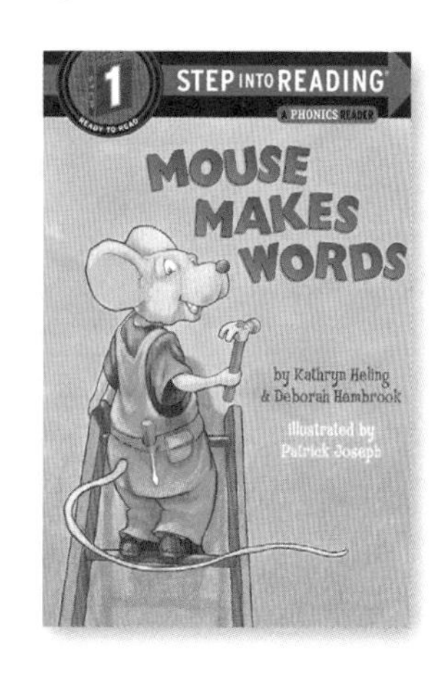

생쥐가 커다란 알파벳 그림을 이용해서 알파벳을 하나씩만 바꾸면 각운이 같은 새로운 단어가가 만들어진다. HAT(모자)에서 H를 빼고 C를 넣으면 CAT(고양이)이 되고, NET(그물)에서 N을 그물로 걷어 내고 P를 밀어 넣으면 PET(애완동물)로 의미가 바뀐다. 단순히 글자 하나만 바꾸는 것이 아니고 만들어지는 단어의 의미를 그림으로 쉽게 알 수 있도록 표현했다. 그냥 따라만 읽어도 단어의 변화를 통한 소리sound의 변화를 통해 파닉스를 저절로 익히게 된다.

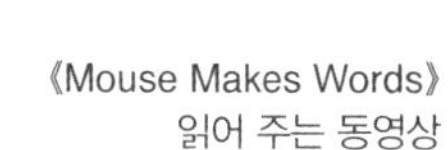

《Mouse Makes Words》
읽어 주는 동영상

《Bear Hugs》 작가: Alyssa Satin Capucilli

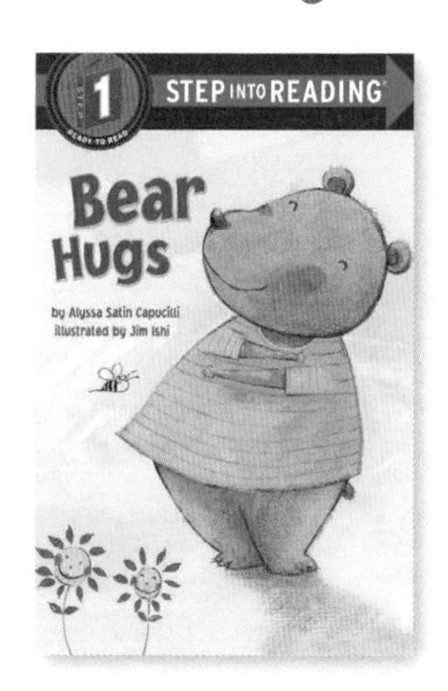

귀엽고 통통한 아기 곰이 엄마, 아빠에게 "안아 달라Hug"고 얘기한다. 그리고 엄마와 아빠는 행복한 얼굴로 아기 곰에게 'big(큰)', 'small(작은)', 'wet(젖은)', 'dry(마른)'의 형용사로 묘사되는 허그를 해준다. 'hug'라는 단어의 의미를 알 수 있을 뿐 아니라 다양한 형용사의 의미를 간단한 그림을 통해 알게 된다.

《Bear Hugs》
읽어 주는 동영상

《The Berenstain Bears' Big Bear, Small Bear》

작가: Stan Berenstain

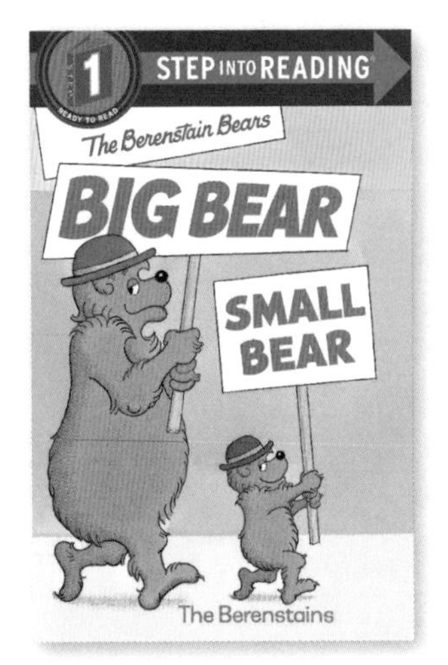

아빠 곰과 아기 곰이 함께 등장한다. 'big bear(큰 곰), small bear(작은 곰),' 'small hat(작은 모자), big head(큰 머리)' 'big hat(큰 모자), small head(작은 머리)'와 같이 상반되는 단어의 의미를 그림을 통해 한눈에 이해할 수 있게 구성되어 있다. 재미있는 그림을 보며 단모음을 반복해서 연습할 수 있게 한다.

《The Berenstain Bears' Big Bear, Small Bear》 읽어 주는 동영상

《Sunshine, Moonshine》 작가: Jennifer Armstrong

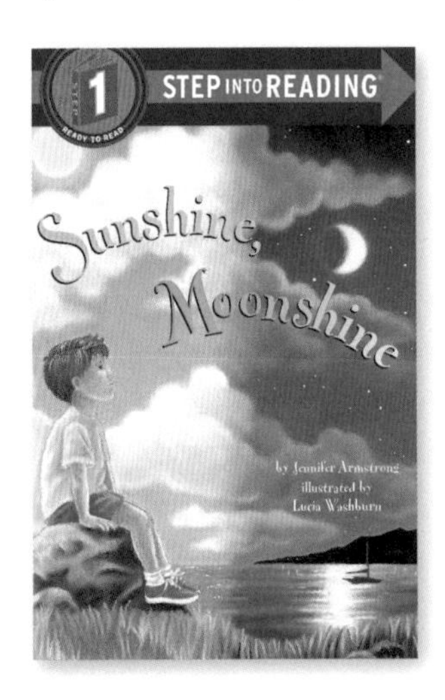

간단한 문장을 여러 문형으로 표현했다. "Sun shines on the mountains(햇빛이 산을 비추고)", "Sun shines on my pillow(햇빛이 베개를 비춘다)"와 같이 일상에서 햇빛이 비추는 장소와 물건들을 바꿔 가며 문장이 반복된다. 시간이 지나면서 해가 지고 달이 뜬다. "Moon shines on the houses(달빛이 집을 비추고)", "Moon shines on the cars(달빛이 차를 비춘다)" 등 달빛이 집, 차, 산, 바다 등을 아름답게 비추는 장면이 나온다. 이중모음을 반복적으로 연습할 수 있는 책이다.

《Sunshine, Moonshine》 읽어 주는 동영상

특별활동 사이트워드 게임

사이트워드란?

사이트워드Sight words는 어린이 책에 등장하는 빈도수가 가장 높은 어휘를 말한다. 사이트워드의 시작은 에드워드 윌리엄 돌치Edward William Dolch 박사다. 돌치 박사는 1930~40년대 어린이 도서를 분석하여 어린이 책의 80%를 차지하는 어휘를 모아 단어 리스트를 만들었다(www.sightwords.com). 대표적인 사이트워드는 220개다. 가장 많이 등장하는 단어들이지만 파닉스 규칙에 맞지 않는 것이 많기 때문에 눈으로 바로 보고 이해하도록 숙지해 놓으면 책 읽기에 도움이 된다.

Step 7까지 약 300~500개의 영어 단어를 익히는 것이 목표인 이유는, 이 정도 단어를 알면 미국 초등 1~2학년 수준의 쉬운 그림책은 술술 읽을 수 있기 때문이다. 사이트워드만 알아도 220개의 빈도수 높은 단어를 숙지하는 것이다. 어린이 책에 가장 많이 등장하는 단어이므로 책 읽기가 빨라진다. 따라서 기본 사이트워드는 알아 두길 권한다.

〈미국 학년별 사이트워드 220개〉(출처: www.dolchword.net)

Pre-Primer		Primer		First Grade		Second Grade		Third Grade	
a	look	all	out	after	let	always	of	about	laugh
and	make	am	please	again	live	around	pull	better	light
away	me	are	pretty	an	may	because	read	bring	long
big	my	at	ran	any	of	been	right	carry	much
blue	not	ate	ride	as	old	before	sing	clean	myself
can	one	be	saw	ask	once	best	sit	cut	never
come	play	black	say	by	open	both	sleep	done	only
down	red	brown	she	could	over	buy	fell	draw	own
find	run	but	so	every	put	call	their	drink	pick
for	said	came	soon	fly	round	cold	these	eight	seven
funny	see	did	that	from	some	does	those	fall	shall
go	the	do	there	give	stop	don't	upon	far	show
help	three	eat	they	going	fake	fast	us	full	six
here	to	four	this	had	thank	first	use	got	small
I	two	get	too	has	them	five	very	grow	start
in	up	good	under	her	then	found	wash	hold	ten
is	we	have	want	him	think	gave	which	hot	today
it	where	he	was	his	walk	goes	why	hurt	together
jump	yellow	into	well	how	were	green	wish	if	try
little	you	like	went	just	when	its	work	keep	warm
		must	what	know		made	would	kind	
		new	white			many	write		
		no	who			off	your		
		now	will						
		on	with						
		our	yes						

놀이로 사이트워드를 익힌다

1) 사이트워드는 내 친구

사이트워드를 카드놀이로 익혀 보자. 위의 표를 이용해 'Pre-Primer' 칸에 있는 기본 40개 사이트워드를 프린트하거나 포스트잇에 써서 집 안 곳곳에 붙여 놓는다. 아이가 지나다니며 눈으로 보고 익히게 한다.

놀이는 이렇게 시작한다. 오며 가며 사이트워드를 보고 소리 내어 읽을 때마다 스티커를 준다. A4 용지에 칸을 그어 스티커 판을 만들어도 되고, 공책이나 수첩에 순서 없이 붙여도 된다. 100개가 모이면 천 원 상당의 상품을 사주거나 아이 통장에 천 원을 넣어 준다.

같은 단어를 여러 번 읽어도 횟수로 인정해 준다. 예를 들어 'and, and, and' 하고 세 번 읽으면 세 개의 스티커를 받게 된다. 억지로 외우게는 하지 말고 카드를 볼 때마다 반복해서 읽게 한다.

단어에 익숙해진 후에는 엄마가 플래시카드를 만들어 아이가 넘겨 가며 읽게 한다. 플래시카드는 한 장씩 넘기면 단어가 보이게 만든 낱말카드다. 포스트잇에 단어를 하나씩 써서 차곡차곡 쌓은 후 한 장씩 떼도 된다. 한 장에는 한 단어만 쓴다. 아이가 맞게 읽으면 "딩동댕"이라고 외치며 적극적으로 호응해 준다.

기본 40개가 끝나면 'Primer', 'First Grade'의 단어들도 같은 방법으로 게임을 한다. 사이트워드는 모든 어린이 책에 항상 반복해서 등장하므로 미리 단어의 의미를 알아 놓고 암기하는 것도 좋다.

2) 사이트워드 숨바꼭질

둘째 아이가 좋아한 놀이다. 아이가 기억한 단어를 책에서 찾아보게 하는 것! 바로 사이트워드 숨바꼭질이다. 엄마가 읽어 주기 전에 책을 펼치고 아는 단어만 쭉 찾게 하는 것이다. "아는 단어 찾기, 시작"이라고 말하면 게임이 시작된다. 빠르게 책장을 넘기며 아는 사이트워드를 찾게 하고, 발견하면 손가락으로 짚은 후 읽어 보게 한다. 모르는 단어들 속에서 익숙한 단어가 몇 개 나오면 아이가 손뼉을 치며 좋아한다. 그리고 다른 책도 펼쳐 보고 싶어 한다. 아이에게 성취감과 더불어 영어에 대한 자신감을 선사한다. 집에 영어 책만 있으면 당장 해볼 수 있는 놀이다.

Step 6.

그림 반, 글자 반 다섯 줄짜리 그림책

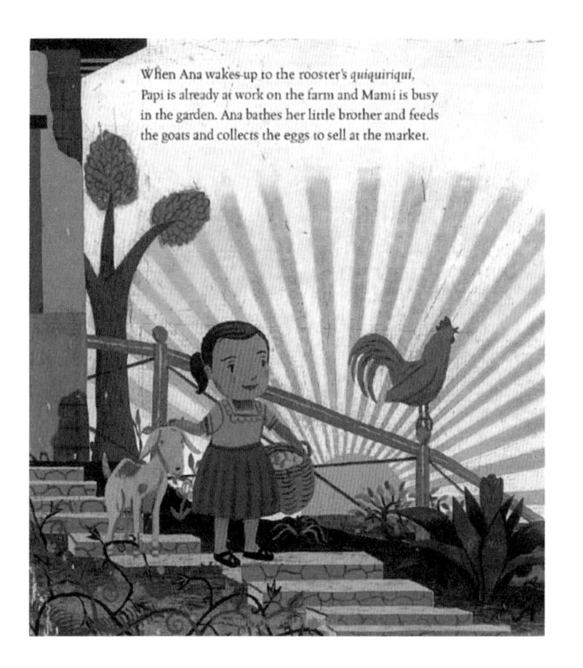
When Ana wakes up to the rooster's *quiquiriquí*,
Papi is already at work on the farm and Mami is busy
in the garden. Ana bathes her little brother and feeds
the goats and collects the eggs to sell at the market.

어려워 보여도 즐기다 보면 뚝딱!

파닉스를 짚어 보고, 파닉스 규칙을 응용하며 책을 읽었으며 사이트워드도 숙지했다. 이제 Step 6, 그림이 반, 글이 반 정도를 차지하는 그림책으로 넘어간다. 어떤 책은 리더스북과 비슷할 정도로 글밥의 양이 많다.

리더스북이란, 영어 리딩에 도움이 되도록 만들어진 책이다. 단어 하나로 구성된 쉬운 문장부터 시작해 단계가 올라가면서 난이도가 높아지도록 구성된 경우가 많다. 그림책보다는 글자 수가 조금 많은 책이라고 생각하면 된다. 물론 단계가 낮은 리더스북은 그림이 대부분이고 글이 한두 줄 정도 차지한다. 따라서 굳이 그림책과 리더스북을 나누려고 애쓸 필요는 없다. 리더스북의 의미 정도만 알아 두자.

이 책에서는 이해가 쉽도록, 글자 수와 단어의 수준을 기준으로 그림책과 리더스북으로 구분하였다. 즉 세 줄짜리 그림책이라도 단어의 난이도가 비교적 높은 책들은 리더스북으로 분류하였다.

지금까지는 그림이 주를 이루는 책을 봐 왔다면 이제부터는 글자와 그림의 비율이 동등한 책을 보게 된다. 어려워 보이는가? 하지만 걱정하지 말자.

이제 아이는 반복적으로 봐온 단어들은 읽을 수 있고, 이러한 과정을 통해 100개 정도의 영어 단어는 일부러 외우지 않았어도 알고 있는 수준에 도달했다. 앞에서 조언한 대로 사이트워드를 숙지했다면 이미 250개 정도의 단어는 익숙할 것이다. 이 단어들을 바탕으로 문장의 의미를 유추할 수 있고, 소리 내어 읽음으로써 문장의 패턴과 의미를 스스로 이해하게 된다.

100여 개의 영어 단어를 아는 데 1년이 걸렸다면 이제부터는 어휘를 익히는 속도가 반으로 줄어들고 어휘량이 폭발적으로 증가하게 된다. 처음에 알파벳도 모르던 아이가 영어 문자를 읽는 마법을 경험하게 될 것이다.

하루 30분 마법의 시간

목표 | 영어 책 읽기의 즐거움 체감하기, 100~300개 단어 익히기

시간 | 매일 30분

기간 | 약 6개월

과정 | 두 번 + 연달아 따라 읽기 5페이지

1) CD를 들으며 책 보기 또는 부모가 읽어 주기
2) CD를 들으며 따라 읽기
3) 처음 다섯 페이지만 연달아 따라 읽기

특별활동 | 《올 어보드 리딩》 플래시카드 맞추기

아이가 영어를 혼자 읽게 되는 마법을 빨리 경험하기 위해서는 꾸준히 매일 30분씩 영어를 접해야 한다. 즐기면 30분도 금방이지만, 즐길 수 없다면 30분이 3시간보다 더 길게 느껴질 것이다. 현실에서 마법은 지팡이만 휘두른다고 이뤄지지 않는다. 일정 기간의 노력이 필요하다. Step 6부터는 아이의 노력도 요구된다. 따라서 즐기지 않으면 어려움에 부딪칠 수도 있다. 아이가 즐기면서 진행할 수 있도록 가이드한다.

아이가 영어의 재미에 빠지게 하는 비법 중의 하나. 아이가 좋아하는 책을 원하는 만큼 반복해서 읽게 해주는 것이다. 다양한 책을 읽히고 싶은 욕심에, 아이가 같은 책을 반복해서 보려 할 때 엄마들이 저지하는 경우가 있다. 영어 책 읽기 습관이 들기 전까지는 '읽기 편식'도 괜찮다. 같은 책이건 다양한 책이건 무조건 많이, 자주 만나야 한다.

또한 아이가 영어 책과 집중해서 놀 수 있도록 시간을 최대한 확보한다. 영어 책을 보는 시간만 늘리라고 말하는 것이 아니다. 아이가 충분히 휴식을 취해야, 30분을 읽어도 에너지를 집중해서 푹 빠져 읽을 수 있다. 다른 활동이 많으면 쉽게 피곤해할 수

있다는 점을 고려하자.

리더스북으로 수월하게 넘어가느냐 아니냐는 Step 6의 그림책을 얼마나 보았느냐에 달려 있으므로, 매우 중요한 단계라고 할 수 있다.

과정을 살펴보자.

같은 책을 두 번 반복하여 읽는다.

먼저 CD를 듣거나 부모가 책을 읽어 준다. 읽는 속도에 맞춰 부모가 손가락으로 단어를 짚어 준다. 두 번째 읽을 때는 CD 소리에 맞춰 아이가 소리 내어 책을 따라 읽는다. 아이가 읽는 속도가 CD 속도보다 늦을 것이다. 그럴 때는 잠시 '일시정지' 버튼을 누르고 기다렸다가, 아이가 그 페이지를 다 읽으면 다음 페이지로 넘어간다.

세 번째로 다시 CD를 듣는다. 이때는 책을 끝까지 읽는 것이 아니고 처음 다섯 페이지만 진행한다. CD로 한 문장 듣고 CD를 잠시 멈춘 후 들은 문장을 따라 하고, 또 다음 문장을 듣고 따라 하는 방식으로 문장을 연달아 따라 읽는다. CD가 없는 경우는 엄마가 읽어 주고 따라 읽게 하면 된다.

베스트 추천도서로 게재된 책들은 책 읽어 주는 동영상이 수록돼 있으므로 CD 없이 동영상을 이용해 듣고 따라 읽으면 된다.

가족의 사랑이 가득한 책들

《Love You Forever》 작가: Robert Munsch

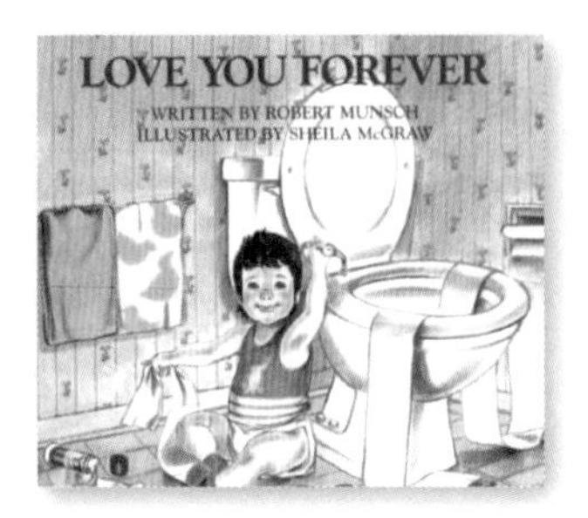

아이에 대한 엄마의 무한 사랑을 감동적으로 보여 주는 그림책이다. 막 태어난 아이를 안고 앞뒤로 흔들며 엄마는 자장가를 불러 준다. 아이가 두 살이 되어 엄청나게 말썽을 피워도, 아홉 살이 되고 사춘기 말 안 듣는 소년이 되어도 엄마는 아이가 잠이 들면 따뜻하게 안고 사랑의 노래를 부른다. 낮에 아무리 말썽을 피워도 아이가 잠든 모습을 보면 엄마의 마음은 아이에 대한 사랑으로 가득해진다. 책 중간중간 나오는 아름다운 자장가는 노래로 불러 주자. 동영상에서도 자장가 부분을 노래로 불러 준다.

《Love You Forever》
읽어 주는 동영상

《Guess How Much I Love You》 작가: Sam McBratney

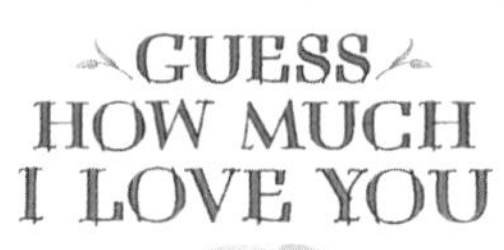

아기 토끼는 아빠에 대한 자신의 사랑을 표현하고 싶어 "Guess how much I love you(내가 아빠를 얼마나 사랑하는지 아세요)"라고 말하며 두 팔을 크게 벌린다. 또 높이 펄쩍 뛰면서 아빠에게 자기의 사랑이 얼마나 큰지 보여 주고 싶어 한다. 하지만 아기 토끼에 대한 아빠의 사랑을 이길 수 없다. 아빠 토끼는 달에 갔다 오고도 모자랄 만큼 아기 토끼를 사랑하기 때문이다. 자녀를 향한 부모의 끝없는 사랑을 따뜻하게 보여 주는 그림책이다.

《Guess How Much I Love You》
읽어 주는 동영상

한 줄짜리 그림책이든 리더스북이든 가족의 사랑에 관한 책들은 늘 베스트셀러다. 가족만큼 소중하고 우리 아이들에게 사랑을 느끼게 해주는 소재가 드물기 때문일 것이다. 엄마가 아이를 따뜻하게 안고 함께 읽어 보자. 엄마도 책을 읽어 주며 아이에 대한 사랑이 더욱 커질 것이다.

《The Runaway Bunny》 작가: Margaret Wise Brown

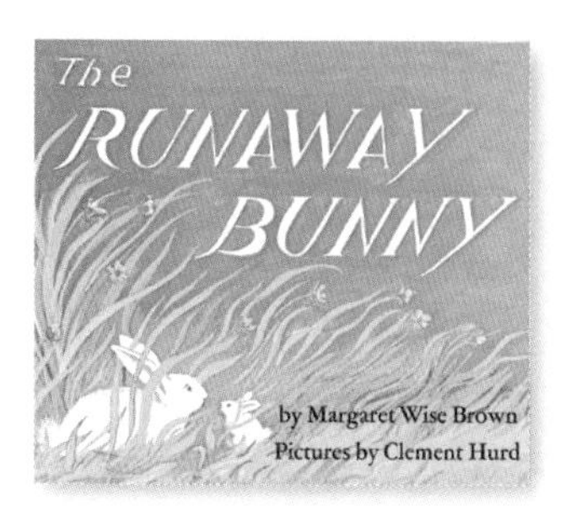

1942년부터 끊임없이 전 세계 아이들에게 읽히고 있는 그림동화의 고전이다. 아기 토끼와 엄마 토끼가 대화로 상상 속의 숨바꼭질을 한다. 계속 숨고 싶은 아기 토끼는 멀리멀리 도망간다. 아기 토끼가 "I will be a bird and fly away from you(나는 새가 되어 엄마한테서 도망갈 거야)"라고 말하면 엄마 토끼는 "I will be a tree that you come home to(나는 네가 언제나 돌아오는 집이 될 거야)"라고 따뜻하게 말한다. 책을 읽어 주다 보면 엄마도 뭉클해지는 따뜻한 그림책이다.

《The Runaway Bunny》
읽어 주는 동영상

《Owl Babies》 작가: Martin Waddell

한밤중에 엄마를 찾는 아기 올빼미들. 엄마는 어디에 갔을까? "I want my mummy(엄마 보고 싶어)"를 반복하며 엄마를 찾는다. 엄마는 결코 아이들을 홀로 두고 떠나지 않는다. 먹이를 찾으러 갔던 엄마는 따뜻한 미소를 지으며 아기 올빼미들에게 돌아오고 아기들은 춤을 추며 좋아한다. 매일 만나도 반가운 아기와 엄마 사이. 보기만 해도 포근하다.

《Owl Babies》
읽어 주는 동영상

앤서니 브라운의
다섯 줄짜리 책들

한 줄짜리 그림책에서도 등장했던 영국의 동화작가 앤서니 브라운의 다섯 줄짜리 작품을 모아 봤다. 앤서니 브라운은 현대 사회의 단면을 작가의 독특한 시각과 스타일로 표현하여 많은 사랑을 받고 있다. 그의 책들은 기발한 상상력을 바탕으로 가족 간의 사랑, 친구 간의 우정, 외로운 아이들의 마음을 세심하게 묘사하고 치유한다. 작가 특유의 그림을 아이들이 음미할 수 있도록 천천히 읽어 주고 보여 준다.

《Gorilla》

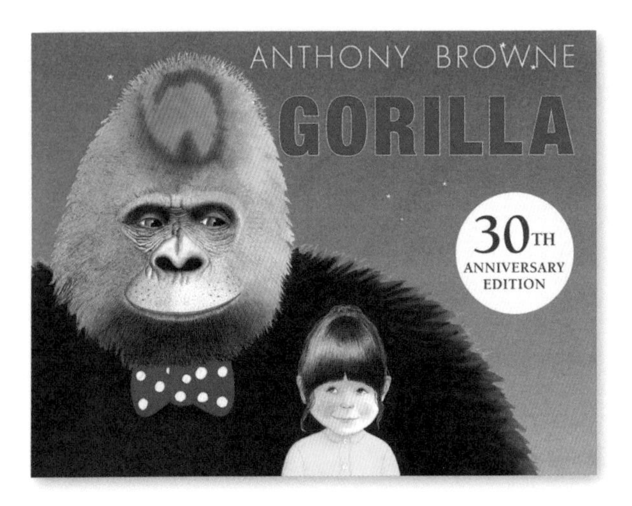

주인공 한나Hannah는 고릴라를 사랑하는 소녀다. 고릴라 인형도 좋아하고 책도 좋아한다. 하지만 진짜 고릴라는 한 번도 본 적이 없다. 아빠가 너무 바빠서 동물원에 데려간 적이 없기 때문이다. 그런데 외로운 소녀 한나의 생일날 기적이 일어난다. 진짜 고릴라가 찾아와 함께 꿈같은 시간을 보내게 된 것이다. 이것은 꿈이었을까? 진짜였을까? 아이에게 읽어 주고 질문해 보자. 직접 말하지 않아도 책을 읽고 나면 아이는 아빠와 한나의 사랑을 느끼게 될 것이다

《Gorilla》
읽어 주는 동영상

《Piggybook》

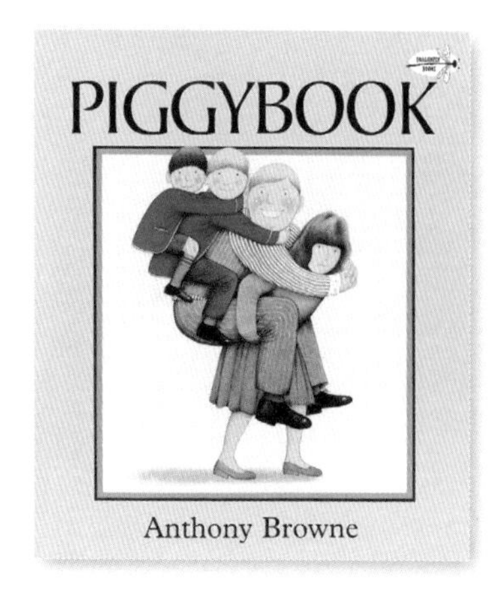

엄마에게 모든 일을 떠맡기고 게으르게 살던 아빠와 두 아들. 참다 못한 엄마는 "You are pigs(너희들은 돼지야)" 라는 말을 남기고 떠난다. 엄마의 부재로 엄마의 소중함을 깨달은 가족은 엄마가 돌아오자 스스로 집안일을 알아서 한다. 엄마의 소중함을 표정이 살아 있는 재치 있는 그림과 스토리로 일깨워 준다. 아이뿐 아니라 아빠도 필수로 읽어 봐야 할 책이다.

《Piggybook》
읽어 주는 동영상

《Willy the Wizard》

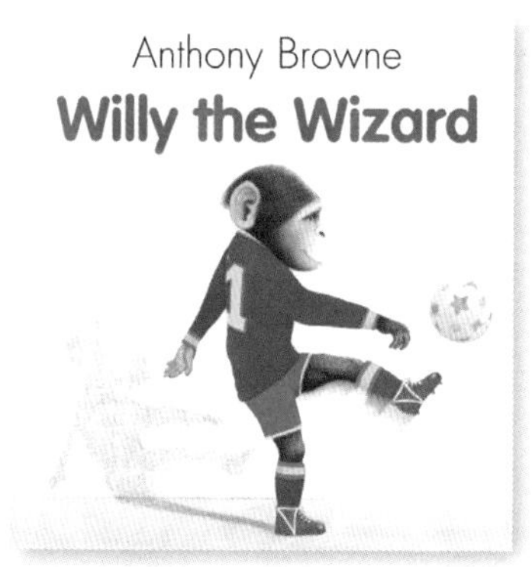

축구를 좋아하는 침팬지 윌리Willy는 축구화가 없어서 선수로 뽑히지 못한다. 어느 날, 수수께끼의 낯선 고릴라를 만나 축구화를 선물받는다. 다음 날 새 축구화를 신고 경기를 하게 되고 윌리는 마법처럼 축구팀에 들어간다. 하지만 경기 당일, 마법 축구화를 신지 않고 온 윌리. 당황했지만 마법 축구화를 신은 날처럼 훌륭하게 경기를 해낸다. 승리를 위해 마법은 필요 없다. 자신감만 있으면 된다. 아이들에게 자신감을 심어 주는 이야기다.

《Willy the Wizard》
읽어 주는 동영상

상상력을 자극하는 책들

이 세상의 모든 책은 아이들의 상상력을 자극하고 창의력을 키워 준다. 책장에 있는 책이 다 그렇다. 세상에 나쁜 책은 없다. 글을 눈으로 읽고 다양한 그림을 보고 책장을 손으로 넘기는 모든 행동이 정서를 풍부하게 하고, 지혜롭고 창의적인 아이로 자라게 해준다. 여기서는 그중에서도 특히 아이가 신기함을 느끼고 상상의 나래를 펼칠 수 있는 책들을 담았다.

《The Cat in the Hat》 작가: Dr. Seuss

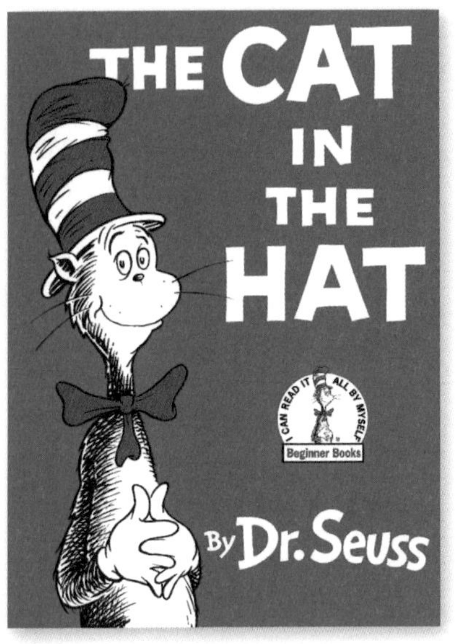

비가 오는 추운 날씨에 딕Dick과 샐리Sally는 집에 갇혀 심심하다. 그때 모자를 쓴 거대한 고양이가 나타나고 지루한 하루가 모험 가득한 날로 바뀌기 시작한다. 아마존 베스트셀러다. 글이 좀 많지만 캐릭터가 신기하고 라임에 맞게 반복되는 문장이 계속 이어지므로 난이도보다 쉽게 느껴진다. 또한 그림이 신기해서 아이들이 재미있게 따라 읽는다.

아마존 베스트셀러

《The Cat in the Hat》 읽어 주는 동영상

《The Jolly Postman or Other People's Letters》

작가: Allan Ahlberg

《곰 세 마리와 금발머리》, 《마녀》, 《잭과 콩나무》, 《신데렐라》 등의 주인공들에게 편지가 배달된다. 여섯 통의 편지를 직접 꺼내 읽는 재미와 아이들이 아는 고전 동화의 주인공을 다시 만나 보는 재미가 있다. 섬세한 그림과 라임이 살아 있는 글, 잘 아는 동화 이야기가 편지 속에도 녹아 있다. 21개국에 번역된 베스트셀러다. 책을 읽고 아이와 함께 동화 속 주인공에게 그림 편지를 써보자.

《The Jolly Postman or Other People's Letters》 읽어 주는 동영상

《Kitten's First Full Moon》 작가: Kevin Henkes

태어나서 처음 달을 본 아기 고양이. 고양이는 우유가 가득 담긴 그릇bowl of milk을 달이라고 생각하고, 우유를 마시기 위한 모험을 시작한다. 과연 아기 고양이는 달에 담긴 우유를 먹을 수 있을까? 책을 읽어 준 후 어떻게 결말이 났는지 아이에게 답하도록 해본다.

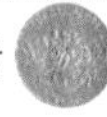

칼데콧상 수상작

《Kitten's First Full Moon》 읽어 주는 동영상

《This Is a Moose》 작가: Richard T. Morris

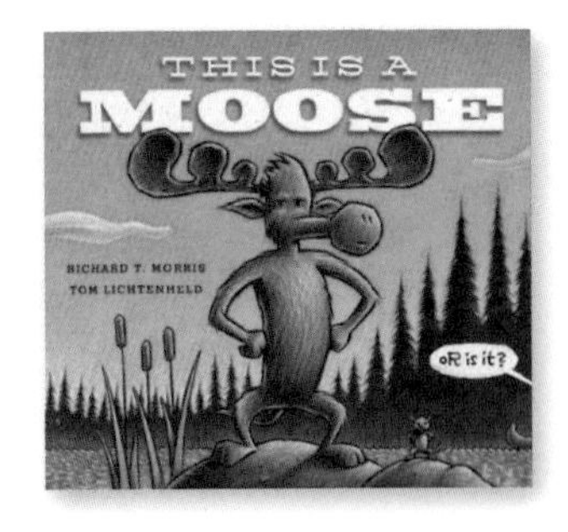

우주인이 되어 달나라를 가고 싶어 하는 무스moose가 영화를 찍는다. 대담하고 만화처럼 과장된 그림이 아이들의 관심을 끈다. 무스는 북미에 사는 큰 사슴이다. 넓고 큰 뿔이 멋스럽고 크고 졸린 듯한 얼굴 표정이 귀엽다. 유럽과 아시아에서는 엘크elk라고 부른다. 우리나라 아이들에게는 낯설 수도 있지만, 영어 동화에 자주 등장해 금세 친근감을 느끼게 되는 주인공이다.

《This Is a Moose》
읽어 주는 동영상

《Peppa Pig the Tooth Fairy》 출판사: Scholastic

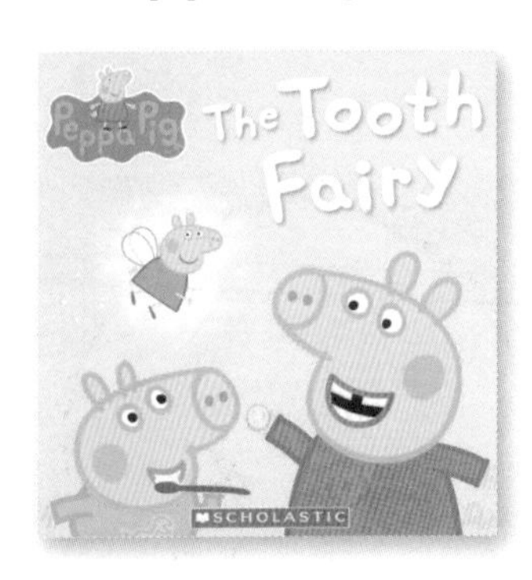

〈페파피그Peppa Pig〉는 영국의 애니메이션 시리즈다. 명확한 영국 발음으로 귀여운 아기 돼지의 일상을 보여 준다. 《Peppa Pig the Tooth Fairy》는 애니메이션을 바탕으로 쓰인 책이다. 책 읽어 주는 영상과 더불어 같은 책을 애니메이션으로 만든 에피소드를 공유한다. 글이 조금씩 늘면서 아이들이 영어 책에 부담을 느낄 수 있는데, 이때 영상으로 익숙해지게 한 후 책을 보여 주면 글밥이 늘어난 책으로 옮겨 가는 데 도움이 된다.

《Peppa Pig the Tooth Fairy》
읽어 주는 동영상

《Peppa Pig the Tooth Fairy》
애니메이션

《Duck & Goose Go to the Beach》 작가: Tad Hills

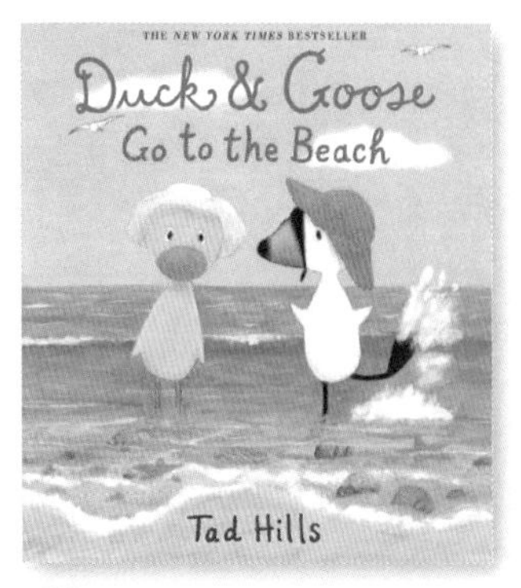

초원에 사는 오리Duck와 거위Goose. 오리는 모험을 즐기고 거위는 평안과 안정을 추구한다. 성격이 다른 두 친구가 여행을 떠난다. 한 번도 가보지 않은 장소들을 지나 먼 길을 돌아 바다beach에 도착한다. 파도에 휩쓸리기도 하고 모래성을 쌓기도 한다. 처음 바다를 보고 돌아오는 길, 둘은 집이 최고라고 말한다.

뉴욕타임스 베스트셀러

《Duck & Goose Go to the Beach》 읽어 주는 동영상

《Don't Let the Pigeon Drive the Bus!》 작가: Mo Willems

칼데콧상 수상작이다. 예쁘고 화려한 색이 아니라 하늘색의 비둘기 한 마리가 나와 이야기를 풀어 간다. 말풍선이 있는 그림책이라는 특성 때문에 단어도 쉽게 느껴지고 아이들이 편하게 책장을 넘긴다. 구어체 문장에, 그림이 단순하면서도 캐릭터의 표정이 살아 있다. 한번 읽어 주면 아이들이 계속 읽어 달라고 하는 그림책 시리즈다.

칼데콧상 수상작

《Don't Let the Pigeon Drive the Bus!》 읽어 주는 동영상

자신감과 용기를 북돋아 주는 책들

어른들도 '처음'은 두렵다. 어른보다 경험이 부족한 아이들에게는 모든 것이 도전이고, 두려움의 대상일 수 있다. 하지만 두려움을 극복하고 한 걸음씩 앞으로 나갈 때 아이들은 더욱 성장하고 새로운 꿈을 꾸게 된다. 아이들이 공감할 수 있는 소재로 자신감과 용기를 키워 줄 그림책을 소개한다. 한 권 한 권 읽어 나갈 때마다 성장해 가는 아이의 모습을 느끼게 될 것이다.

《Jabari Jumps》 작가: Gaia Cornwall

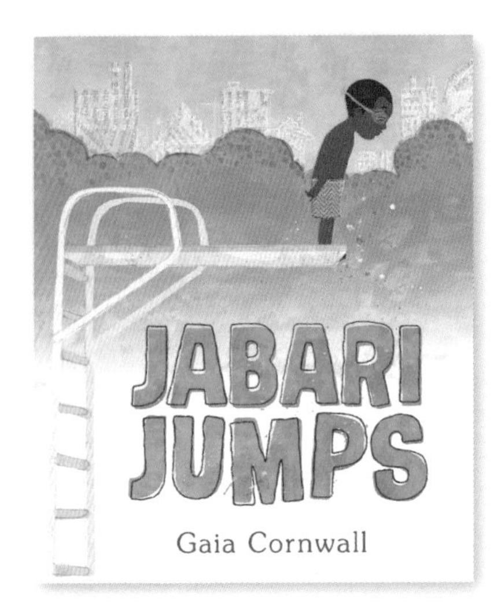

"I'm jumping off the diving board(나는 오늘 다이빙을 할 거야)." 소년이 자신 있게 말한다. 하지만 사다리 위에 서니 겁이 난다. 잠깐 쉬어 보기도 하고 몸도 풀어 보지만 여전히 두렵다. 하지만 자바리Jabari는 아빠의 말에 용기를 얻어 다이빙에 성공한다. 난생 처음 높은 곳에서 다이빙을 시도하는 주인공이 두려움을 극복하고, 큰 걸음을 내딛는 이야기를 통해 우리 아이들도 용기를 배운다.

《Jabari Jumps》
읽어 주는 동영상

《The Little Engine That Could》 작가: Watty Piper

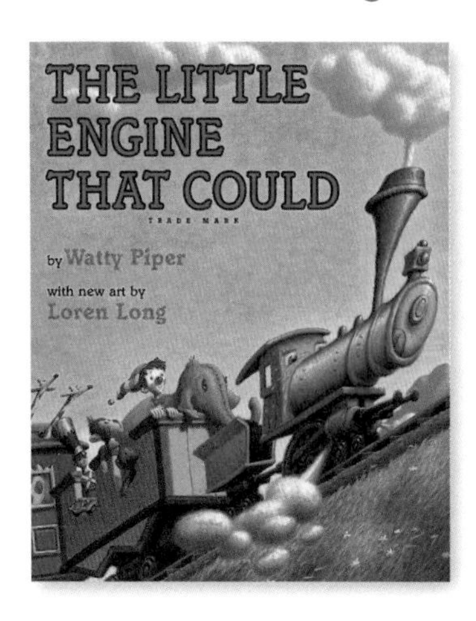

처음 해보는 일에 대한 두려움을 이기고 주어진 임무를 달성한 기차의 이야기다. 장난감을 가득 싣고 산 너머에 사는 아이들에게 향하던 기차가 고장이 나, '조그만 파란 기차'에게 대신 배달해 달라고 부탁한다. 몸집이 작아서 한 번도 큰 산을 넘어 본 적이 없는 파란 기차는 두려움에 머뭇거린다. 하지만 눈물이 고인 장난감 인형을 보고 용기를 내고, 무사히 장난감을 배달해 성취의 기쁨을 누린다.

《The Little Engine That Could》
읽어 주는 동영상

《Giraffes Can't Dance》 작가: Giles Andreae

아마존 베스트셀러

침울한 기린 제럴드Gerald는 춤을 잘 못 춰서 놀림을 받는다. 그러다 자신과 전혀 어울리지 않을 것 같은 조그만 친구를 만난다. 귀뚜라미cricket다. 귀뚜라미 친구의 따뜻한 위로와 조언에 힘을 얻은 제럴드는 용기를 내어 멋지게 춤을 추게 된다. 제럴드에게 부족했던 것은 춤 실력이 아니라 용기였던 것이다. 노래로 불러 주는 동영상을 보고 춤추는 동물들의 모습을 상상하면서 읽어 보자.

《Giraffes Can't Dance》
노래로 읽어 주는 동영상

《Curious George and the Firefighters》 작가: H. A. Rey

호기심이 많은 원숭이 조지George가 소방서에 가서 생긴 일이다. 용감한 소방관들이 장난꾸러기 조지 때문에 힘들어하지만 결국 조지가 소방서에 큰 도움이 됨을 알게 된다. 아이들이 좋아하는 소재인 귀여운 원숭이와 소방차가 나와서 아이들이 좋아하는 이야기다.

《Curious George and the Firefighters》
읽어 주는 동영상

《Little Blue Truck》 작가: Alice Schertle

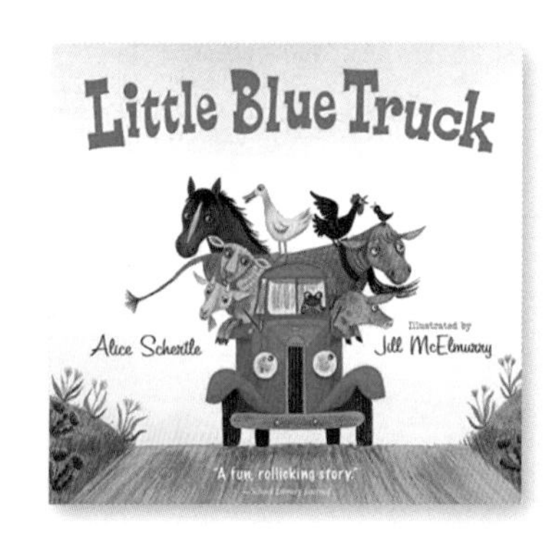

"Beep! Beep! Beep!(빵, 빵, 빵)" 조그만 파란 트럭Little Blue Truck은 길을 가면서 만나는 동물들과 소리를 내어 인사하고 진흙탕에 빠진 덤프트럭을 다른 동물들과 함께 구한다. 각 동물의 이름과 울음소리도 알게 되고, 어려운 상황에 처한 이를 돕는 용기와 지혜도 배운다. 아래는 책을 노래로 읽어 주는 영상이다. 시골 느낌의 컨트리 뮤직 스타일의 곡조가 그림의 느낌과 잘 어울린다.

《Little Blue Truck》
노래로 읽어 주는 동영상

내 이야기처럼 **공감**되고 **깨달음**을 주는 책들

영어 도서관에서 리더스북에 입문할 때 권장하는 그림책들이 있다. 글밥이 좀 늘어나면서 아이들이 거부감을 표할 수 있기 때문에, 글이 적고 이해하기 쉬운 책들을 추천한다. 아래는 이전에 봤던 책보다 글자 수는 늘었지만 아이들이 큰 어려움 없이 받아들이고 재미있게 읽는 책들이다. 아이가 크게 공감할 수 있는 소재의 이야기들이기 때문이다.

《Froggy》 시리즈 작가: Jonathan London

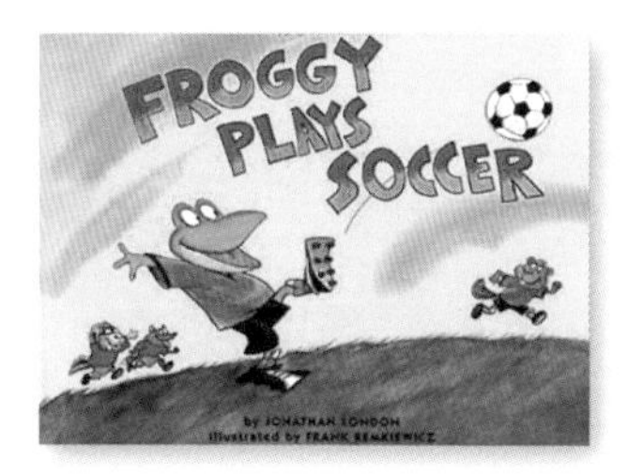

《Froggy》 시리즈는 개구리 프로기Froggy의 일상과 학교생활을 실감나게 표현한 이야기책이다. 의성어, 의태어가 많고 원어민 아이들이 실제로 일상생활에서 쓰는 문장과 용어가 반복된다. 책이 아니면 접하기 어려운 의성어, 의태어를 쉽게 따라 하게 된다. 총 18권이며, 처음 한 권을 보여 주고 좋아하면 나머지 시리즈도 읽게 하자.

《Froggy Plays Soccer》 읽어 주는 동영상

《Chrysanthemum》 작가: Kevin Henkes

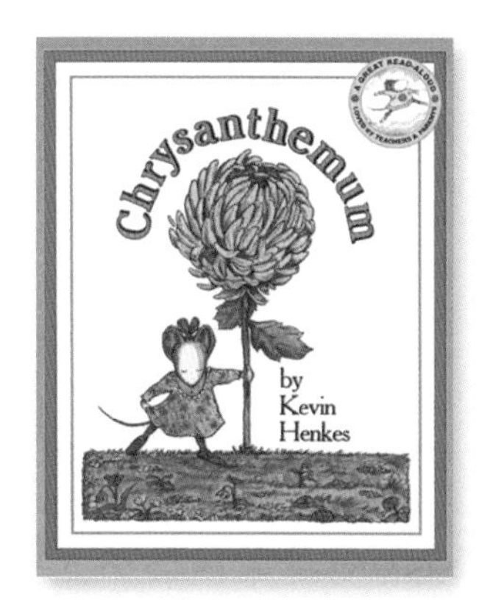

미국도서관협회American Library Association에서 '좋은어린이 책'으로 선정한 책이다. 크리산세멈Chrysanthemum(국화)이라는 꽃명을 이름으로 가진 주인공은 이름 때문에 학교에서 놀림을 당한다. 하지만 부모님의 사랑과 선생님의 도움으로 이름에 자긍심을 갖게 되고 친구들과도 잘 지내게 된다.

《Chrysanthemum》 읽어 주는 동영상

《Eat Your Peas》 작가: Kes Gray

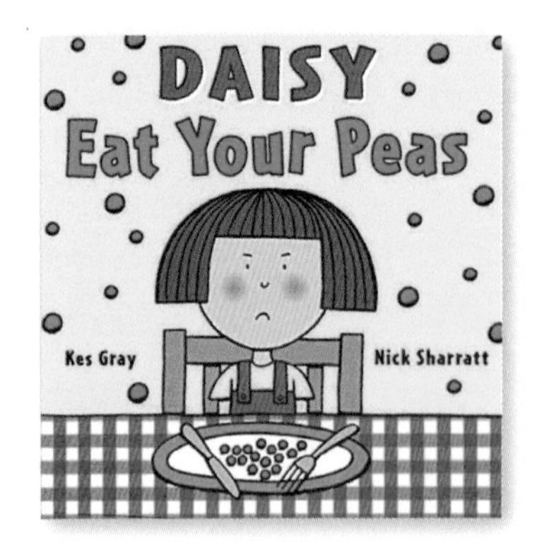

서양이나 동양이나 아이들은 참 콩 먹는 것을 싫어한다. 콩을 싫어하는 아이를 위해 엄마는 콩만 먹으면 뭐든 다 해주겠다고 제안한다. 푸딩pudding으로 시작해 선물이 점점 늘어나고, 나중에는 콩을 먹으면 원하는 모든 것을 다 해준다고 한다. 그래도 거절하는 아이. 그리고 아이는 거꾸로 새로운 제안을 한다. 과연 주인공은 콩을 먹게 될까? 콩을 싫어하는 아이들이 공감하며 재미있게 읽는다.

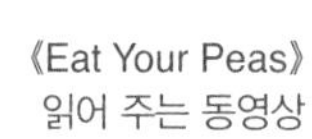

《Eat Your Peas》
읽어 주는 동영상

《When Sophie Gets Angry - Really, Really Angry》

작가: Molly Bang

소피Sophie는 언니와 장난감 때문에 다투고 무척 화가 난 상태다. 소피에게 감정 이입한 아이들은 소피와 같은 감정을 느끼며 함께 숲속을 숨차도록 달리고 너도밤나무 위에 올라가 넓은 세상을 바라본다. 아이들이 화났을 때의 심정을 과장되면서도 세밀한 그림과 스토리로 그려 내 깊은 공감을 일으킨다. 몰리 뱅 작가의 또 다른 작품 《When Sophie's feelings are really, really hurt》도 읽어 보자.

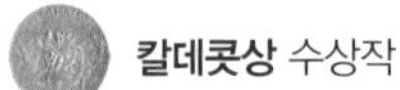

칼데콧상 수상작

《When Sophie Gets Angry》
읽어 주는 동영상

《Owen》 작가: Kevin Henkes

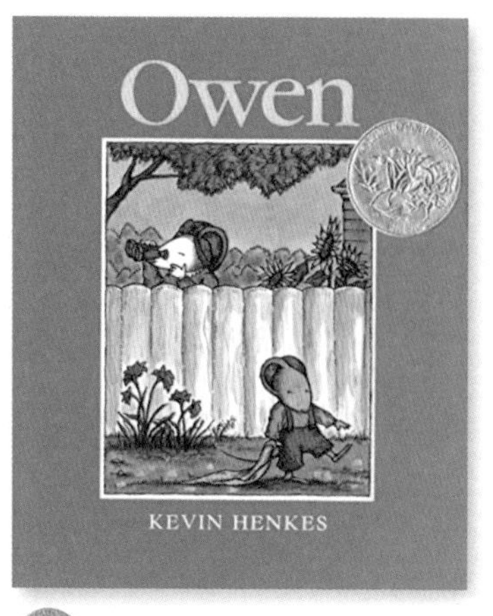

아이들은 어릴 적부터 애착을 느껴 소중히 여기는 물건이 있다. 오웬Owen에게는 낡은 이불이 그렇다. 어디를 가든 항상 함께 하고 싶은 친구다. 학교에도 자기 이불을 들고 가려는 오웬에게 엄마가 해결책을 제시한다. 부모가 보기에 이해할 수 없는 행동이라도, 무조건 안 된다고 하기보다 아이 마음을 먼저 이해하면 해결 방안이 생기는 것 같다.

칼데콧상 수상작

《Owen》
읽어 주는 동영상

《The Rainbow Fish》 작가: Marcus Pfister

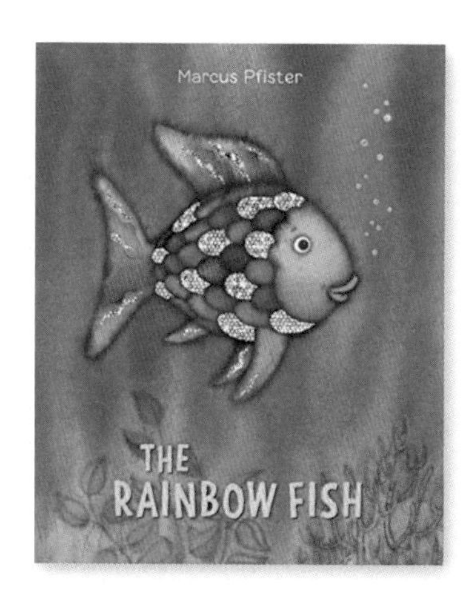

세계적인 베스트셀러 그림책이다. 책을 펼치면 반짝이는 무지개 물고기가 아이들의 눈길을 사로잡는다. 실제로 홀로그램이 반짝이는 물고기 비늘을 만지는 것만으로도 아이들은 즐거워한다. 매력적인 그림보다 더 아름다운 것은 이 책의 스토리다. 자신에게 소중한 것을 남에게 나눠 주었을 때 진정 행복할 수 있다는 교훈이 담겨 있다.

《The Rainbow Fish》
읽어 주는 동영상

외국의 따뜻한 문화를 보여 주는 책들

영어 책을 읽는 또 다른 즐거움은 다른 나라의 문화를 자연스럽게 알게 된다는 것이다. 나와 다른 세계에서 사는 친구들은 무엇을 좋아하고, 어떻게 생활하는지, 어떤 명절을 기념하는지 등을 배우며 더 넓은 세상을 경험하고 더 큰 꿈을 꾸게 된다. 모든 책에 그 나라의 문화가 묻어 있지만, 아래의 책들은 좀 더 깊이 외국의 독특한 문화와 생활을 이야기하고 있다.

《Waiting for the Biblioburro》 작가: Monica Brown

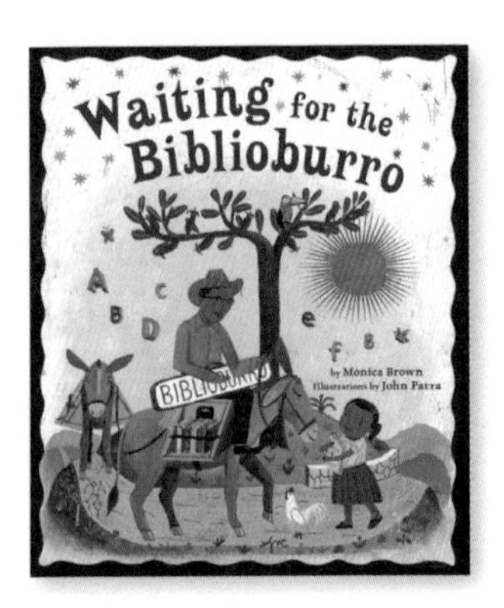

콜롬비아Colombia 마을의 문화를 보여 준다. 시골 아이들을 위해 이동도서관을 운영하는 소리아노Soriano의 실화를 바탕으로 쓰였다. 아나Ana는 책을 좋아하지만 책이 단 한 권밖에 없다. 이동도서관을 고대하며 자기만의 이야기를 쓴다. 책을 애타게 기다리는 시골 소녀의 마음이 감동을 준다. 우리 아이들도 이처럼 책을 사랑했으면 하는 바람이다.

《Waiting for the Biblioburro》
단어 색 바뀌며 읽어 주는 동영상

《The Night Before Valentine's Day》 작가: Natasha Wing

우리나라도 밸런타인데이를 기념하지만 다른 나라와는 그 모습이 사뭇 다르다. 우리의 경우 초콜릿을 주고받는 것이 주요 행사라면, 미국 어린이들은 전날부터 카드와 선물을 준비하고 당일에는 파티를 연다. 게임도 하고 친구들에게 정성 들여 만든 밸런타인데이 카드를 전달한다. 미국의 밸런타인데이 문화를 엿볼 수 있다.

《The Night Before Valentine's Day》
단어 색 바뀌며 읽어 주는 동영상

단꿈을 꾸게 하는 책들

영어 책의 길이가 길어져도 베드타임 북은 이어진다. 동물들은 어떻게 잠을 잘까? 아이들이 사랑하는 트럭도 잠을 잘까? 아이들이라면 한 번쯤 궁금해하는 주제다. 그림이 따뜻하고 아이들의 상상력도 자극하는 잠자리 그림책들을 소개한다. 아이를 잠자리에 눕힌 뒤 눈을 감게 하고 읽어 줘도 좋다.

《If Animals Kissed Good Night》 작가: Ann Whitford Paul

아마존 베스트셀러

동물들이 잠자리 인사를 한다면 어떻게 할까 상상해서 이야기를 풀어냈다. 방법은 다르지만 모두 따뜻하게 "잘 자 Good night" 인사를 한다. 문장에 섞여 있는 의성어와 의태어를 아이가 반복해서 따라 하며 더욱 재미있게 책을 보게 한다. 이야기에 반전도 있다. 사랑스런 그림만 봐도 편안하게 잠들게 되는 책이다.

《If Animals Kissed Good Night》 읽어 주는 동영상

《Where Do Diggers Sleep at Night?》

작가: Brianna Caplan Sayres

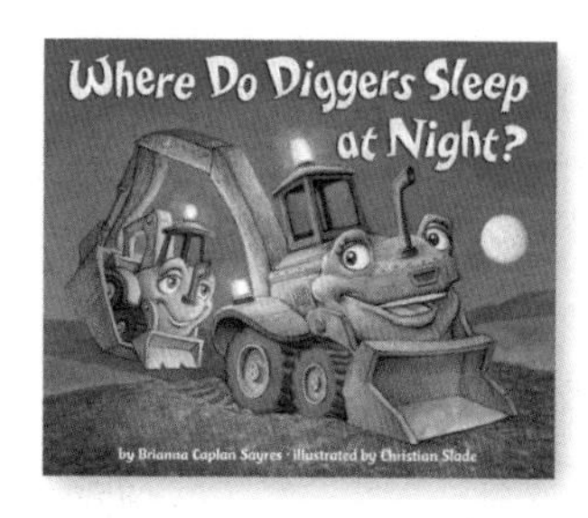

11대의 자동차들이 잠자기 전에 어떤 준비를 하는지 상상해 보면서 읽을 수 있는 책이다. 땅을 파는 굴착기digger, 커다란 덤프트럭dump truck은 어떻게 잘까? 모두 달콤한 꿈을 꾸며 포근하게 잠든다. 다양한 일을 하는 차들의 이름도 알 수 있다. 자동차 좋아하는 남자아이에게 안성맞춤인 책이다.

《Where Do Diggers Sleep at Night?》 읽어 주는 동영상

노래로 불러 주는 책들

글자 수가 늘어나도 노래로 불러 주면 한 장 한 장 '술술' 넘어가기 마련이다. 다섯 줄짜리 그림책을 읽을 때도 노래의 효과를 누려 보자. 미국 베어풋북스Barefoot Books 출판사에서 기획할 때부터 책을 노래로 읽어 주는 음악과 영상을 함께 제작해서 펴낸 책들이다. 한두 줄짜리부터 꽤 글의 길이가 긴 책까지 다양한 난이도의 책이 있다.

《Space Song Rocket Ride》 작가: Sunny Scribens

스케일이 큰 우리 아이들. 아이들이 좋아하는 공간은 바로 우주다. 로켓을 타고 드넓은 우주를 여행하고, 태양계와 은하계를 지나 넓은 우주 속을 누빈다. 우주에 관한 책들은 많지만 이렇게 책 전체를 노래로 읽어 주는 책은 드물다. 아래 소개한 동영상은 책을 플래시애니메이션으로 제작해서 보여 준다. 신나게 보여 주고 읽어 주자.

《Space Song Rocket Ride》를 단어 색 바뀌며 노래로 불러 주는 동영상

《Up, Up, Up!》 작가: Susan Reed

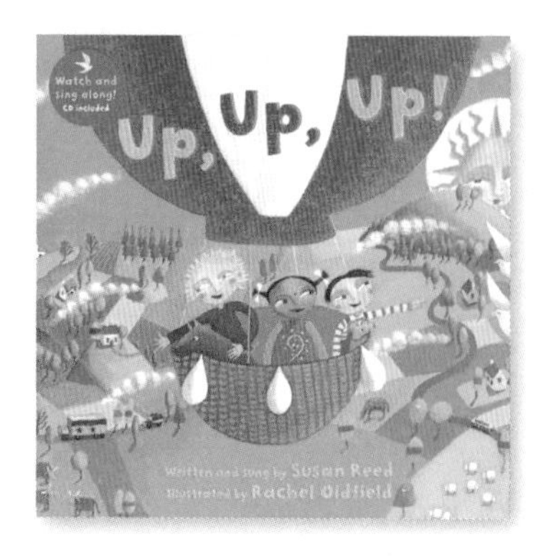

열기구를 탄 아이들이 하늘 높이 날아간다. 산을 넘고 발아래 보이는 길을 따라서 점점 더 멀리 더 높이 올라간다. 눈 덮인 산을 지나, 고래가 물을 뿜는 바다를 건너 태양이 이글거리는 뜨거운 도시와 사막도 지나간다. 각운과 리듬, 다양한 어휘를 경쾌한 음악으로 들어볼 수 있다. 노래를 통해 어려운 단어를 자연스럽게 배우게 된다.

《Up, Up, Up!》
단어 색 바뀌며 노래로 읽어 주는 동영상

《A Hole in the Bottom of the Sea》 작가: Jessica Law

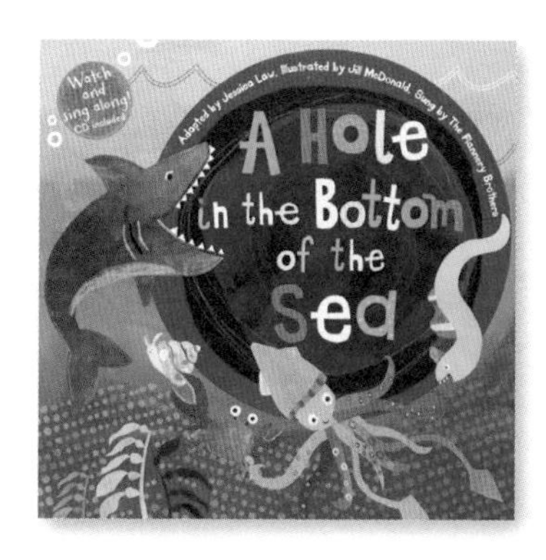

신비롭고 놀라운 바다 세계를 탐험한다. 바다 속을 생생한 색깔로 화려하게 표현하고 있다. 책장을 넘길 때마다 새로운 바다 생물이 나오고, 작은 생명체부터 상어 포식자까지 먹이 사슬을 보여 준다. 마지막 페이지에 나오는 상어의 배 속 표현은 아이가 보자마자 탄성을 지른다. 노래를 들으며 신나게 따라 해보자.

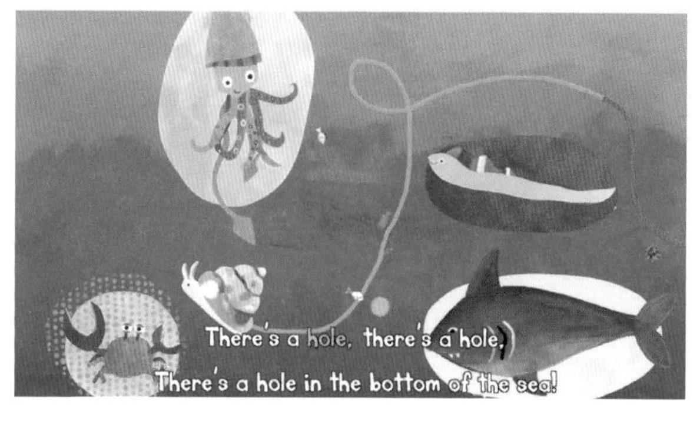

《A Hole in the Bottom of the Sea》
단어 색 바뀌며
노래로 불러 주는 동영상

특별활동 《올 어보드 리딩》 플래시카드 맞추기

《올 어보드 리딩All Aboard Reading》시리즈는 '픽처리더Picture reader'부터 '스테이션Station 3'까지 4단계로 구성돼 있다. 그 중 '픽처리더' 시리즈는 난이도 면에서 세 줄에서 다섯 줄짜리 그림책 정도다. 독특한 구성 덕분에 누구나 좋아하는 그림책이다. 영어 도서관에서도 아이들에게 추천해 주는데, 아직 싫어하는 아이를 못 봤다.

이 책의 특징은 문장 중간의 주요 단어들이 그림으로 그려져 있다는 것이다. 읽어 주는 엄마도 재미있어서 자꾸 보여 주게 된다. 문장이 바뀔 때마다 나오는 그림을 통해 단어를 유추하며 읽게 되므로 읽기 향상에 도움이 된다. 총 20권이다.

It is Christmas Eve.
The is trimmed.
The are hung.
for are
on the .
Daddy says,
"Now, it is time for .
is coming soon."

《Is That You, Santa?》 작가: Margaret A. Hartelius

책의 뒷장에 앞뒤로 그림과 단어가 인쇄된 낱말카드가 있다. 그림을 보고 무슨 단어인지 영어로 말하라고 한 후, 뒤집어서 맞는지 확인한다. 틀린 단어는 바로 답을 알려 주지 않고 책을 다시 훑어보게 한다. 책 속에서 해당 그림을 찾으면 어떤 단어인지 의미를 유추해서 영어로 말해 보도록 한다. 그러고 나서 맞는 발음과 뜻을 알려 준다. 책으로 반복해서 보았던 단어이기 때문에 게임을 몇 번 하고 나면, 기억에 더 잘 남는다.

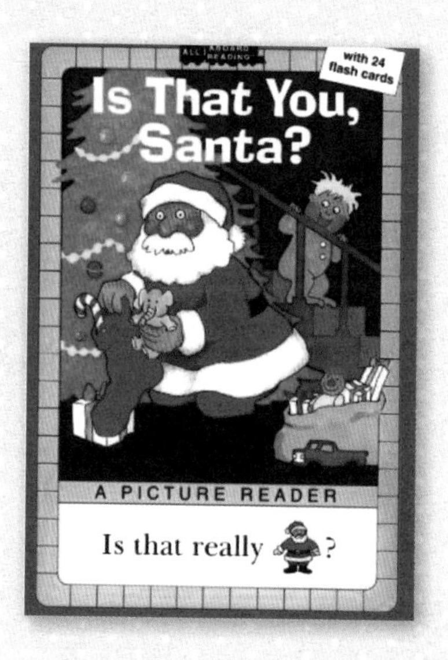

《Is That You, Santa?》 낱말카드

Ring-a-ding-ding!
I hear !
It must be
with his
and his
filled with toys!

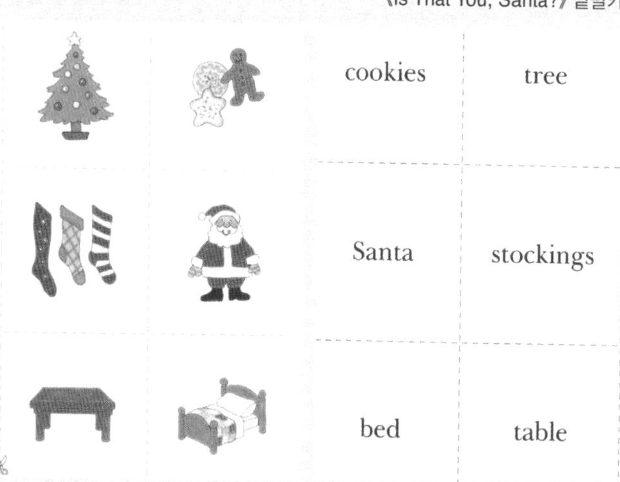

STEP 6
우리 아이가 꼭 읽어야 할 강력 추천, **다섯 줄짜리 그림책 60!**

1단계, 도전 20권!

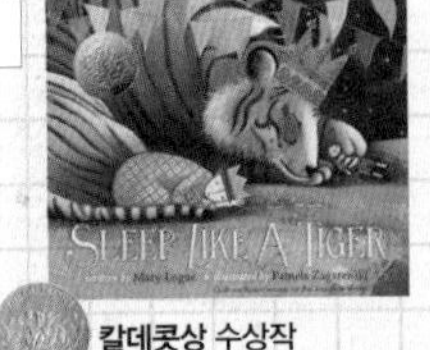

1
Sleep Like a Tiger
작가: Mary Logue
칼데콧상 수상작

2
Officer Buckle & Gloria
작가: Peggy Rathmann
칼데콧상 수상작

3
What Do You Do With an Idea?
작가: Kobi Yamada
칼데콧상 수상작

4
Last Stop on Market Street
작가: Matt de la Peña

칼데콧상 수상작
뉴베리상 수상작
코레타스콧 킹상 수상작
Best seller 뉴욕타임즈 베스트셀러

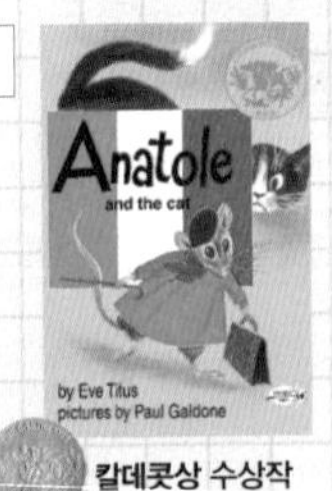

5
Anatole and the Cat
작가: Eve Titus
칼데콧상 수상작

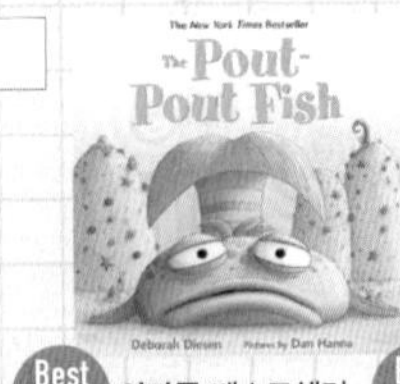

6
The Pout-Pout Fish
작가: Deborah Diesen

아마존 베스트셀러

뉴욕타임스 베스트셀러

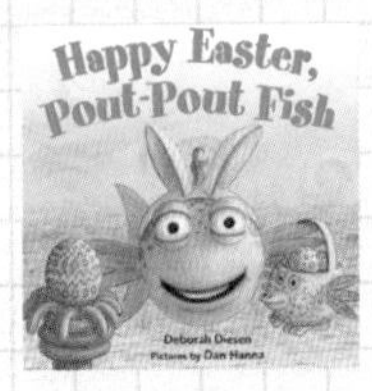

7
Happy Easter, Pout-Pout Fish
작가: Deborah Diesen

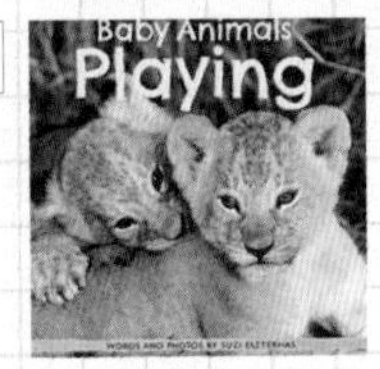

8
Baby Animals Playing
작가: Suzi Eszterhas

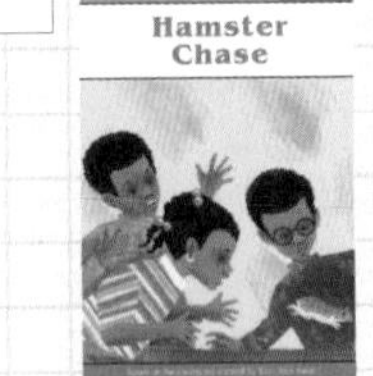

9
Hamster Chase (Penguin Young Readers, Level 3)
작가: Anastasia Suen

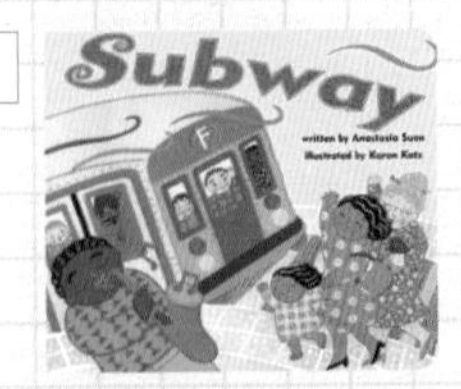

10
Subway
작가: Anastasia Suen

11
Swimmy
작가: Leo Lionni

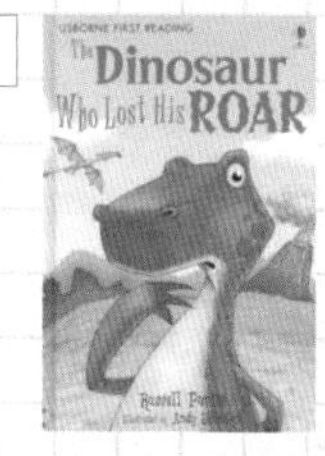

12
The Dinosaur Who Lost His Roar (Usborne First Reading)
작가: Russell Punter

13
Personal Space Camp
작가: Julia Cook

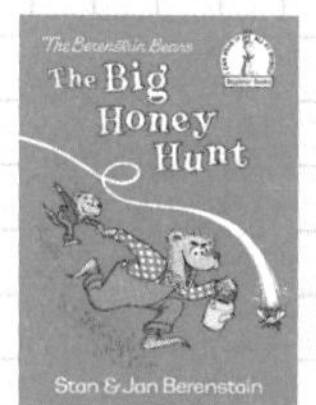

14
The Big Honey Hunt
작가: Stan Berenstain

15
Corduroy
작가: Don Freeman

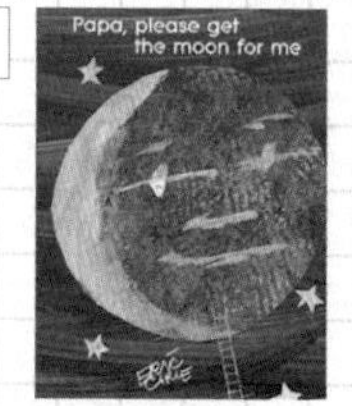

16
Papa, Please Get the Moon for Me
작가: Eric Carle

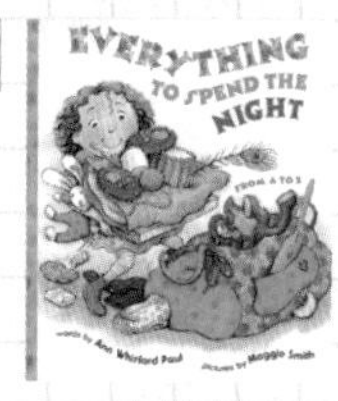

17
Everything to Spend the Night From A to Z
작가: Ann Whitford Paul

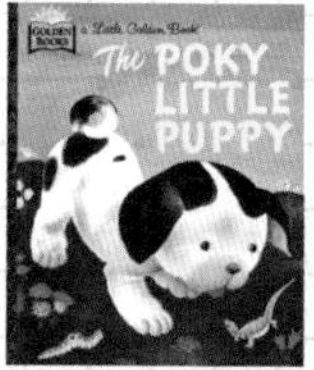

18
The Poky Little Puppy
작가: Janette Sebring Lowrey

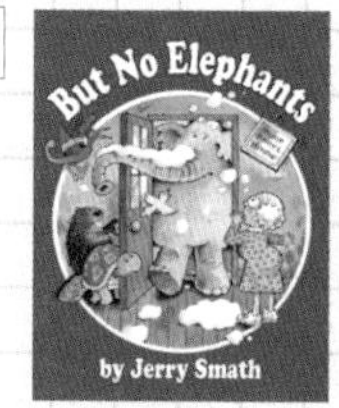

19
But No Elephants
작가: Jerry Smath

20
We Don't Eat Our Classmates
작가: Ryan T. Higgins

STEP 6
우리 아이가 꼭 읽어야 할 강력 추천, **다섯 줄짜리 그림책 60!**

2단계 40권 돌파, 칭찬 필수!

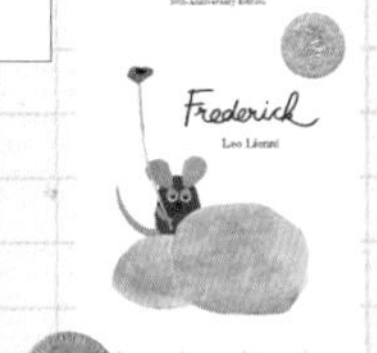

칼데콧상 수상작

21
Frederic
작가: Leo Lionni

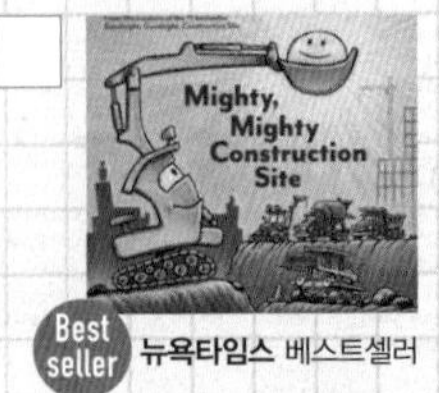

Best seller 뉴욕타임스 베스트셀러

22
Mighty, Mighty Construction Site
작가: Sherri Duskey Rinker

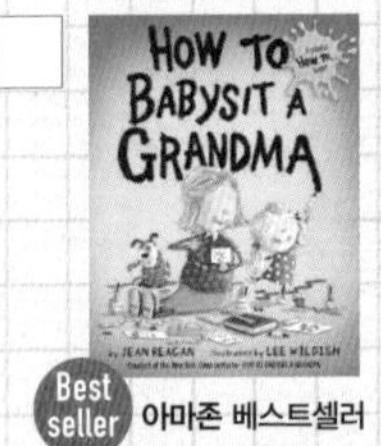

Best seller 아마존 베스트셀러

23
How to Babysit a Grandma
작가: Jean Reagan

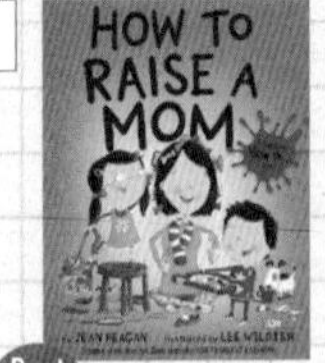

Best seller 뉴욕타임스 베스트셀러

24
How to Raise a Mom
작가: Jean Reagan

25
Miffy
작가: Dick Bruna

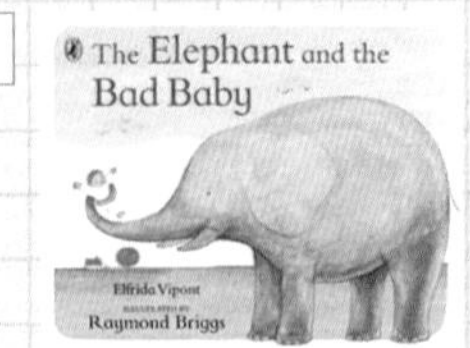

26
The Elephant and the Bad Baby
작가: Elfrida Vipont

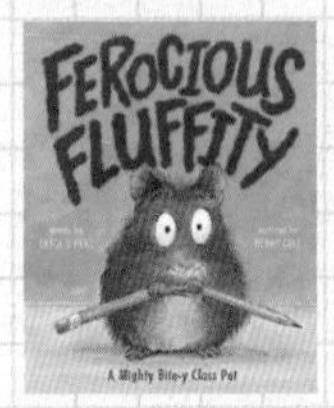

27
Ferocious Fluffity
작가: Erica S. Perl

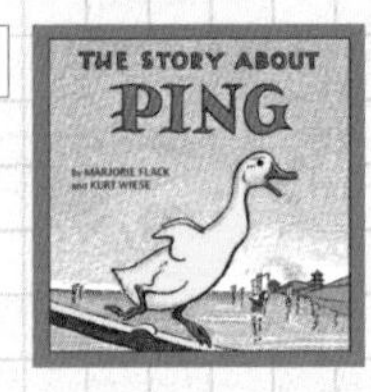

28
The Story about Ping
작가: Marjorie Flack

29
Goodnight, Goodnight Construction Site
작가: Sherri Duskey Rinker

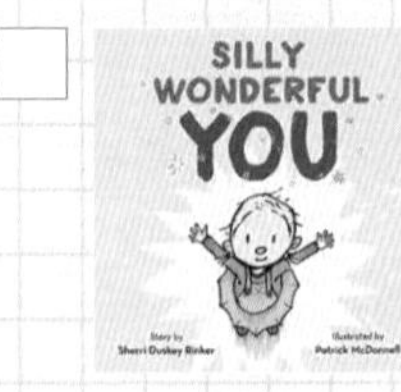

30
Silly Wonderful You
작가: Sherri Duskey Rinker

31

The Five Chinese Brothers

작가: Claire Huchet Bishop

32

Fingers for Lunch

작가: Brandt Lewis

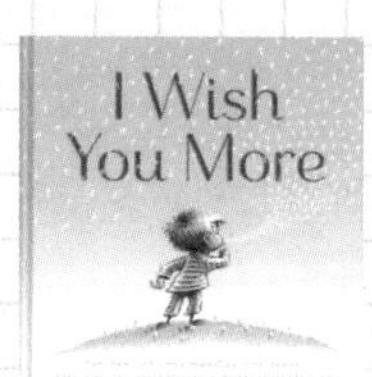

33

I Wish You More

작가: Amy Krouse Rosenthal

34

It Came in the Mail

작가: Ben Clanton

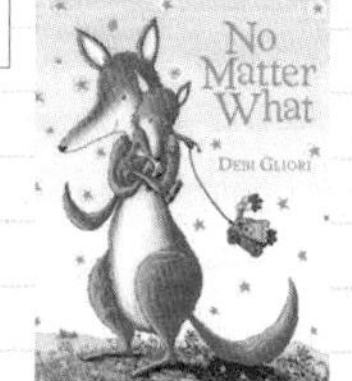

35

No Matter What

작가: Debi Gliori

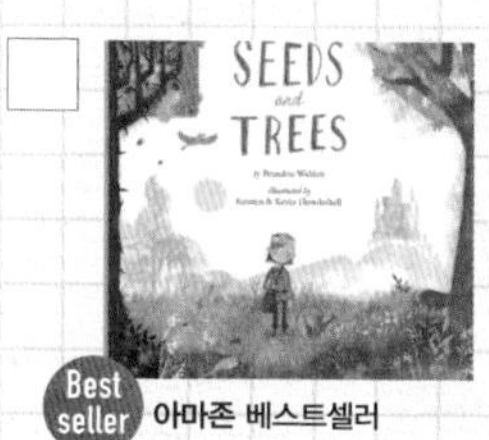

Best seller 아마존 베스트셀러

36

Seeds and Trees

작가: Brandon Walden

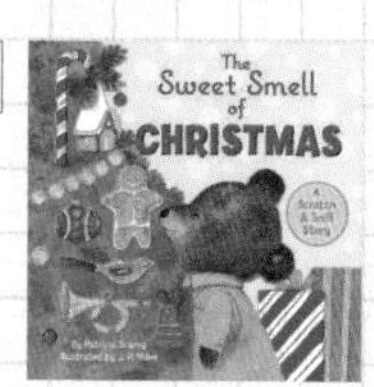

37

The Sweet Smell of Christmas

작가: Patricia M. Scarry

38

That's Me Loving You

작가: Amy Krouse Rosenthal

39

Duck, Duck, Porcupine!

작가: Salina Yoon

40

There Was An Old Lady Who Swallowed A Chick!

작가: Lucille Colandro

STEP 6
우리 아이가 꼭 읽어야 할 강력 추천, **다섯 줄짜리 그림책 60!**

파이널, 60권 완결, 선물 준비!

Best seller **뉴욕타임스** 베스트셀러

41

Love

작가: Matt de la Peña

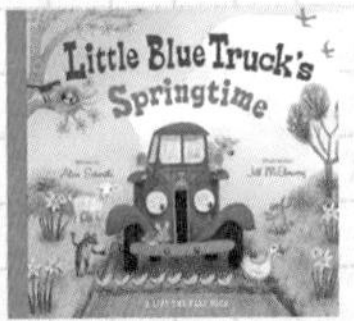

Best seller **아마존** 베스트셀러

42

Little Blue Truck's Springtime

작가: Alice Schertle

Best seller **뉴욕타임스** 베스트셀러

43

Carmela Full of Wishes

작가: Matt de la Peña

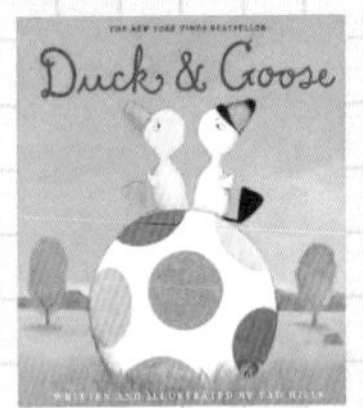

44

Ducks and Goose

작가: Tad Hills

45

Into the Forest

작가: Laura Baker

46

Lilly's Purple Plastic Purse

작가: Kevin Henkes

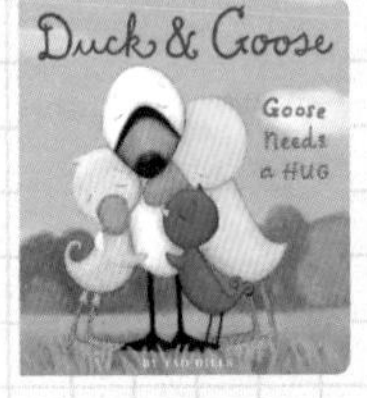

47

Duck & Goose, Goose Needs a Hug

작가: Tad Hills

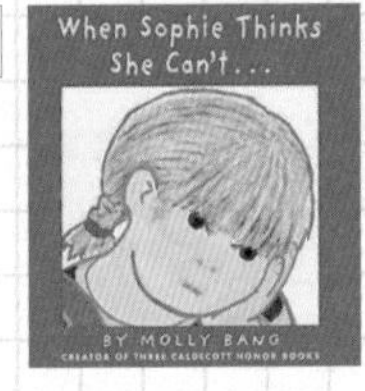

48

When Sophie Thinks She Can't

작가: Molly Bang

49

Bunny My Honey

작가: Anita Jeram

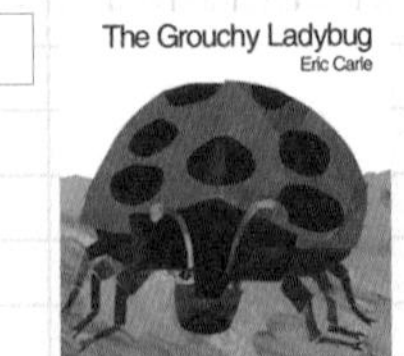

50

The Grouchy Ladybug

작가: Eric Carle

51

Good Night, I Love You

작가: Caroline Jayne Church

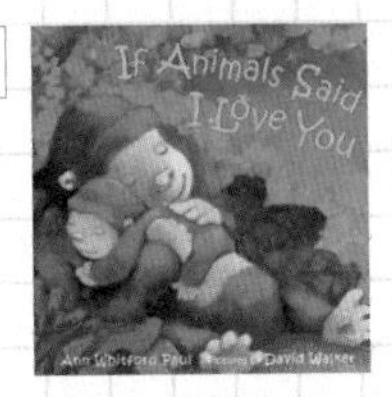

52

If Animals Said I Love You

작가: Ann Whitford Paul

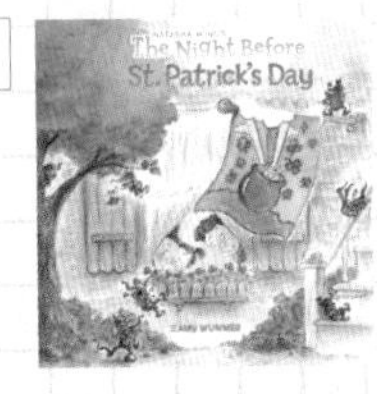

53

The Night Before St. Patrick's Day

작가: Natasha Wing

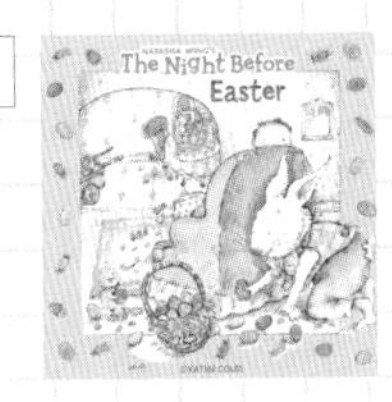

54

The Night Before Easter

작가: Natasha Wing

55

You're All My Favorites

작가: Sam McBratney

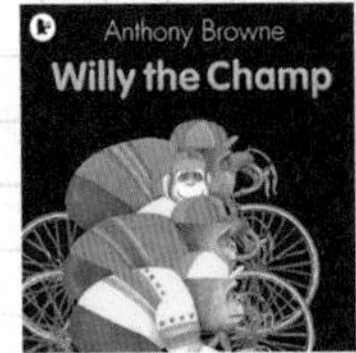

56

Willy the Champ

작가: Anthony Browne

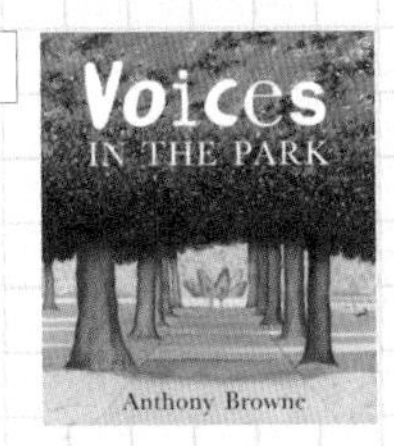

57

Voices in the Park

작가: Anthony Browne

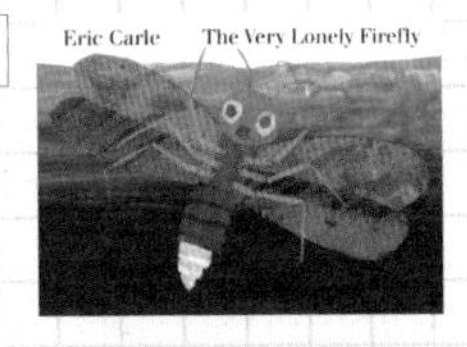

58

The Very Lonely Firefly

작가: Eric Carle

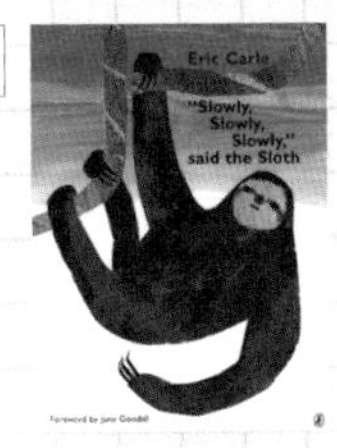

59

"Slowly, Slowly, Slowly," Said the Sloth

작가: Eric Carle

60

The Mixed-Up Chameleon

작가: Eric Carle

Q: 화상영어 효과 있나요?

A: 어디를 가나 화상영어에 대한 질문이 많이 나옵니다. 화상영어는 하루에 15~30분, 일주일에 한두 번 원어민과 컴퓨터를 통해 얼굴을 보면서 영어로 말을 나누는 과정을 말합니다. 집에서 원하는 시간에 꾸준히 진행할 수 있으므로 말하기speaking 연습에 좋은 방법입니다.

하지만 화상영어를 제대로 활용하기 위해서는 어느 정도 수준이 되어야 합니다. 즉, 최소한 미국 초등 3, 4학년 수준의 영어 읽기reading능력이 됐을 때 시작하는 것이 좋습니다. 일상적인 인사나 취미에 대한 대화를 굳이 돈 내고 연습할 필요는 없다고 생각합니다. 물론 말하기에 도움은 되겠지만, 가성비가 매우 낮다고 말씀드리고 싶네요. 그 정도 영어 공부는 저렴한 회화 책을 보며 역할을 바꿔 가며 엄마랑 하는 것이 더 효과적일 수 있습니다.

화상영어로 비용 대비 효과를 보려면 시사나 지식, 문화에 관한 지문을 읽고 그것에 대해 토론하는 것이 좋은데, 그러기 위해서는 단어 수준이 초등학교 고학년 이상 되고 문장 구조에 대한 이해가 잡혀 있어야 합니다.

어렵지 않은 지문을 읽고 연습하면서 차차 수준을 높여 간다고 생각해도, 미국 초등 3학년 수준 정도가 되었을 때 시작하는 것이 좋습니다. 초등 3학년 수준이라면 좋아하는 책을 읽고 그 책에 대해 이야기를 나눠 보는 것도 좋겠네요.

화상영어 회사마다 교재가 있을 텐데요, 한 곳을 정해 시작한다면 그 회사의 교재가 어느 정도 수준인지 미리 보고서 결정하시길 추천합니다.

The Mixed-Up Chameleon
by Eric Carle

Step 7.

리더스 북

Henry

Henry had no brothers
and no sisters.
"I want a brother,"
he told his parents.
"Sorry," they said.
Henry had no friends
on his street.

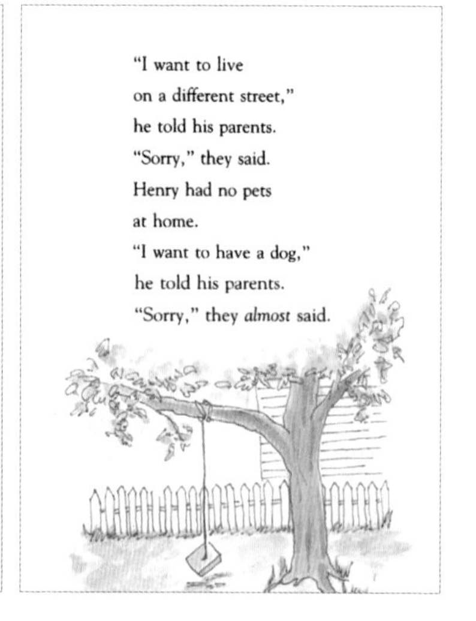

"I want to live
on a different street,"
he told his parents.
"Sorry," they said.
Henry had no pets
at home.
"I want to have a dog,"
he told his parents.
"Sorry," they *almost* said.

드디어 읽기 자립!

Step 7은 최종 단계! 읽기 자립에 도전하고 완성하는 시기다. 알파벳도 모르던 아이가 드디어 누구의 도움도 없이 영어 책을 혼자 읽을 수 있다!

과정을 따라서 Step 1부터 시작한 우리 아이는 지금까지 약 500여 권의 그림책을 반복해 읽어 왔고, 약 200~300개의 단어를 익혔다. 이제 아이는 반복해서 봐온 단어는 바로 읽을 수 있다. 대부분의 단어를 책을 통해 영어 문장 속에서 문맥을 보면서 익혔으므로 영어에 대한 감이 있는 상태다. 영어 책을 읽다 모르는 단어가 나와도 이러한 감과 어휘력을 바탕으로 그림의 도움 없이 내용을 유추할 수 있다.

Step 7 단계의 책은 혼자 읽지 못하더라도, 앞 단계에서 봤던 한 줄짜리, 세 줄짜리 영어 책은 조금 더듬거리며 읽을 수 있을 것이다. Step 7은, 리더스북은 CD를 들으면서 읽게 하고 앞 단계의 쉬운 그림책들은 혼자 읽기를 시도해 보는 과정이다.

책이 두꺼워지고 챕터북 단계로 넘어가도 얼마간은 CD를 계속 듣게 하는 것이 좋다. CD를 들으며 읽는 것은 독해력, 청취력과 동시에 말하기 능력도 높여 주는 방법이다. 책이 두꺼워져 CD 듣는 시간이 너무 길어지거나 아이가 지루해하면 전체 책을 다 듣게 하기보다는 한 챕터 또는 처음부터 30페이지까지로 한정해 CD를 듣게 하자.

여기서 한 가지 당부하고 싶은 것은 아이가 앞 단계 책을 혼자 읽지 못하더라도 실망해서는 안 된다는 것이다. 아니, 실망하더라도 아이 앞에서 실망하는 모습을 보이지 말자. 어떤 경우라도 영어 책을 읽고자 하는 아이의 의욕을 꺾어서는 안 된다. 계속 반복하다 보면 언젠가는 모두 다 읽게 된다. 아이마다 시간차가 존재할 뿐이다. 조급해하지 말고 지금처럼 꾸준히, 즐겁게 영어를 노출시킨다.

이제 다시 시작이다. 영어 읽기 자립을 이루고 우리 아이가 영어 책을 혼자 술술 읽는 마법이 시작된다.

하루 30분 혼자 영어 책 읽는 시간

목표 | 읽기 자립(혼자 읽기) 도전 & 완성. 300~500개 단어 익히기
Step 4 추천도서 혼자 읽기

시간 | 매일 30분

기간 | 약 12개월

과정 | 리더스북 두 번 + 쉬운 책 한 권 더 읽기

1) 첫 번째로 CD를 들으며 속도에 맞춰서 눈으로 책 읽기
2) 다시 한번 CD를 들으면서 소리에 맞춰 입으로 따라 읽기
3) Step 4, 한 줄짜리 그림책 혼자 읽기(주 3회)

특별활동 | 좋아하는 페이지 필사하기

이번 단계의 목표는 간단한 문장으로 구성된, 한 줄에서 세 줄짜리의 책을 처음부터 끝까지 혼자 읽는 것이다. 난이도가 높은 책을 처음부터 끝까지 통째로 읽는 것은 어렵다. 하지만 단순하고 쉬운 문장으로 구성된 책은 무리 없이 혼자 읽을 수 있다.

수록한 리더스북은 미국 초등학교 1~2학년 수준의 책들이다. 글자 반 그림 반일 수도 있고, 글자 수가 그 이상이 될 수도 있다. 한 줄짜리 그림책이지만 리더스북으로 분류되는 책들은 어휘가 조금 어려운 책이다. 글자 수가 많고 책의 두께가 있는데도 그림책으로 분류한 책은 단어가 쉬운 책이다.

Step 1에서 6까지의 추천도서는 계속해서 혼자 읽기를 시도하면서, Step 7의 리더스북은 과정을 따라 읽는다.

과정을 살펴보자.

먼저, CD를 들으며 눈으로 책을 읽는다.

두 번째, 같은 CD를 들으면서 읽어 주는 속도에 맞춰서 소리 내어 따라 읽는다. CD보다 속도가 조금 느려도 괜찮다. 딱딱 맞춰 읽지 않아도 된다. 정확하지 않아도 소리 내어 따라 읽는 것이 중요하다.

세 번째는 Step 4에서 보았던 한 줄짜리 그림책 중에서 아이가 읽고 싶어 하고 좋아하는 책을 골라 처음부터 끝까지 혼자 읽어 보게 한다. 부모가 옆에서 듣고 틀리는 부분이나 모르는 단어는 교정해 준다. 잘못 읽은 단어는 고쳐 주고, 다시 한번 올바른 방법으로 읽어 보게 한다.

예를 들어, 리더스북의 베스트 추천도서인 《Hi! Fly Guy》를 CD를 들으면서 눈으로 한 번 읽는다. 그런 후 한 번 더 읽는데, 두 번째 읽을 때는 CD에서 나오는 소리를 들으며 그 속도에 맞춰서 아이가 소리 내어 따라 읽는다. 이렇게 리더스북 단계의 책을 두 번 읽은 후, Step 4에 있는 《From Head to Toe》 책을 CD 없이 아이 혼자 읽게 하는 것이다. Step 7의 과정을 처음 시작했을 때는 우선 Step 4의 추천도서를 두 번째 책으로 읽도록 한다. 아이가 책 읽는 것에 익숙해지면 점차 수준을 높여 간다.

세 번째 과정, 즉 두 번째 책을 읽는 것은 매번 하지 않아도 된다. 지금은 읽기 자립을 막 시작하는 시기이므로 아이가 부담스럽지 않게 진행하자. 아이가 좋아하는 책 위주로 주 3회 실행하고, 익숙해져서 아이가 거부하지 않게 되면 매일 읽게 하는 것이 효과적이다. Step 4의 책을 잘 읽으면 Step 5~6 단계의 책도 읽어 보게 한다.

Step 7의 베스트 추천도서는 시리즈만으로 구성하였다. 여러 작가가 쓴 다양한 주제의 책을 읽음으로써 읽기 범위를 확장할 수 있다. 한 작가의 시리즈가 좋은 이유는, 같은 주인공이 나오고 반복되는 단어가 많아서 리딩 수준이 올라가도 쉽게 느껴지기 때문이다. 그러다 보면 읽기 수준도 자연스럽게 높아진다.

CD를 틀어 주거나 부모가 읽어 주면 조금 길어진 문장도 부담스럽지 않게 읽게 된다. 자, 이제 읽기 자립이다!

영어 책 난이도 확인하는 방법

리더스북을 아이에게 읽히다 보면 현재 읽고 있는 책이 어느 정도 수준인지 궁금할 것이다. 영어 책의 난이도를 확인하는 대표적 지표는 렉사일 지수와 AR레벨이다.

렉사일 지수

렉사일 지수Lexile Measure는 메타메트릭스MetaMetrics 연구소가 개발한 읽기 수준 표준 체계다. 독자의 읽기 수준과 책의 난이도를 숫자(예: 210L)로 나타낸다. 렉사일 지수는 책의 수준을 나타내는 범위가 넓으므로, 처음 보는 책의 난이도를 알아볼 때 참고하면 유용하다. 아마존(www.amazon.com)도 렉사일 지수를 이용해 책의 난이도를 표기한다. 렉사일 지수와 미국 학년 비교표를 이용하여 책의 난이도를 알아 보자.

학년Grade	읽기 수준Reader Measures
1	UP to 300L
2	140L to 500L
3	330L to 700L
4	445L to 810L
5	565L to 910L
6	665L to 1000L
7	735L to 1065L
8	805L to 1100L
9	855L to 1165L
10	905L to 1195L
11 and 12	940L to 1210L

〈미국 학년과 렉사일 지수 보기〉(출처: www.lexile.com)

Product details

Age Range: 3 - 7 years
Grade Level: Preschool - 2
Lexile Measure: 210L (What's this?)
Hardcover: 65 pages
Publisher: Beginner Books/Random House; 1st edition (August 12, 1960)
Language: English
ISBN-10: 0545002850
ISBN-13: 978-0394800165
ASIN: 0394800168
Product Dimensions: 6.8 x 0.4 x 9.2 inches
Shipping Weight: 8.8 ounces (View shipping rates and policies)
Average Customer Review: ★★★★★ 1,437 customer reviews
Amazon Best Sellers Rank: #239 in Books (See Top 100 in Books)

위의 내용은 아마존에서 도서 《Green Eggs and Ham》을 검색했을 때 나오는 도서의 상세 정보이다. 이 책의 렉사일 지수는 210L이다.

AR레벨

교육 과정에서 책 읽기를 중요하게 생각하는 미국. 미국의 많은 학교에서 아이들의 읽기 능력 향상을 위해, 독서를 하고 이해도를 측정하는 독해 퀴즈Reading Comprehension Quiz를 푼다. 미국에서 많이 사용하는 시스템 중 하나가 르네상스러닝사에서 나온 ARAccelerated Reader 독서학습 관리프로그램이다. 1985년에 개발됐으며 17만 권 이상의 도서 데이터베이스를 가지고 있다. 미국 내 6만 곳 이상의 학교에서 이용하고 있다.

르네상스러닝사의 교육프로그램은 학교나 학원을 통해서만 이용할 수 있지만, AR레벨은 무료 사이트를 통해 언제든 확인할 수 있다. AR레벨이란, 미국 학생의 읽기 수준을 기준으로 난이도 지표를 만든 것이다. AR레벨이 5.2라고 하면 그 책은 미국 초등학교에서 5년하고 2개월 동안 읽기 학습을 한 미국 학생이 읽을 수 있는 수준인 것이다.

한편 아이의 AR레벨은 AR테스트를 통해 확인할 수 있다. 테스트 결과 'AR 1.8'이 나왔다면 미국 초등학교에서 1년 8개월 공부를 한 미국 학생과 읽기 수준Reading Level이 같다는 의미다.

다년간 수많은 학생의 영어 책 읽기 수준을 봤지만 AR레벨만큼 정확한 지표는 드물다. 아이의 수준이 궁금하면 르네상스러닝사의 AR프로그램을 쓰는 학원, 영어 도서관 또는 시립 도서관에 가서 테스트해 보면 된다.

무료 AR 레벨
확인 사이트

처음 보는 영어 책을 발견하면 그 수준이 궁금하기 마련인데 이때 사용하면 유용한 사이트가 있다. AR북파인더(www.arbookfind.com)다. 17만 권이 넘는 책의 AR레벨이 수록돼 있다. 아이의 영어 읽기 수준이 궁금할 경우 사설기관에 가서 테스트해도 되지만 다른 방법도 있다. 아이가 어떤 책을 즐겁게 읽는다면, 그 책의 AR레벨이 바로 우리 아이의 영어 읽기 수준이라고 생각하면 된다.

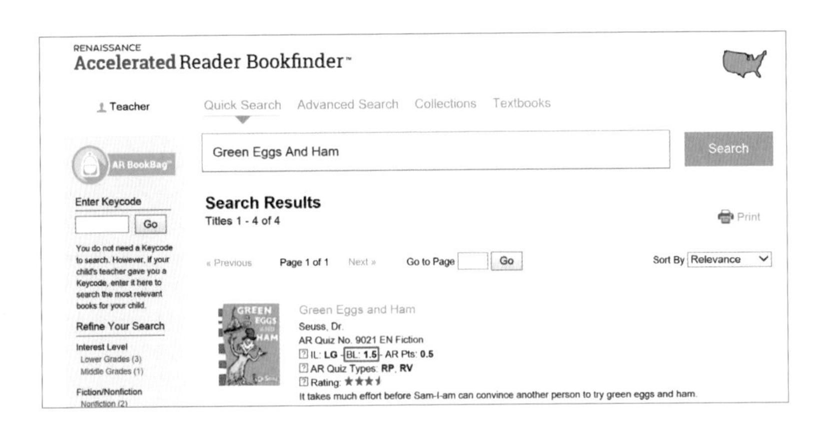

메인 페이지 빈칸에 제목을 입력하면 책 레벨이 바로 뜬다. 'BL'이라고 쓰여 있는 것이 책 레벨이다. 《Green Eggs And Ham》은 'BL: 1.5'이고, 미국 초등학교 1학년 5개월 수준의 책임이라는 것을 의미한다. 책의 수준을 쉽게 알 수 있도록 리더스북 베스트 추천도서에 AR레벨을 표기했다. 아이에게 가이드할 때 활용하기 바란다.

1단계(AR 1.5~1.9) 초기 리더스북 시리즈

《Hi! Fly Guy》 작가: Tedd Arnold / AR 1.5

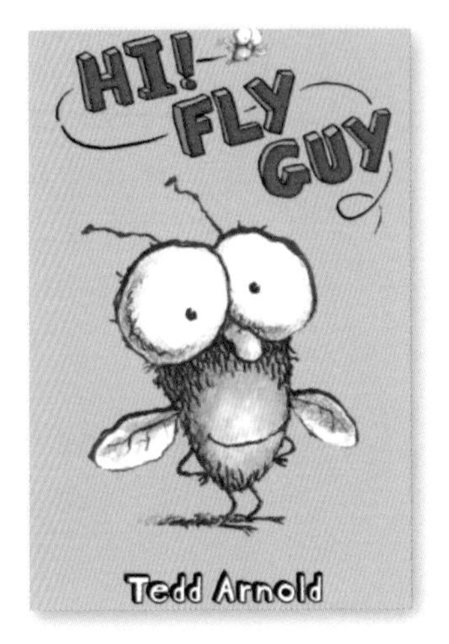

우리 아이 첫 번째 추천 리더스북은 《Hi! Fly Guy》다. 그림책에서 리더스북으로 수월하게 넘어가려면 리더스북의 형식은 접할 수 있으면서 동시에 그림이 많고 간단한 문장으로 구성된 책이 좋다. 이런 요건에 딱 맞는 책이다. 쉬운 표현, 자주 봐온 단어들 그리고 짧은 문장으로 구성되어 있다. 페이지당 네다섯 줄로 이뤄져 있으며 챕터가 나뉘어 있다. 총 18권이며, 아이가 첫 번째 책을 좋아하면 나머지 시리즈도 읽도록 해준다. 책을 한 권씩 끝낼 때마다 리더스북에 익숙해질 것이다.

《Hi! Fly Guy》
읽어 주는 동영상

《Green Eggs and Ham》 작가: Dr. Seuss / AR 1.5

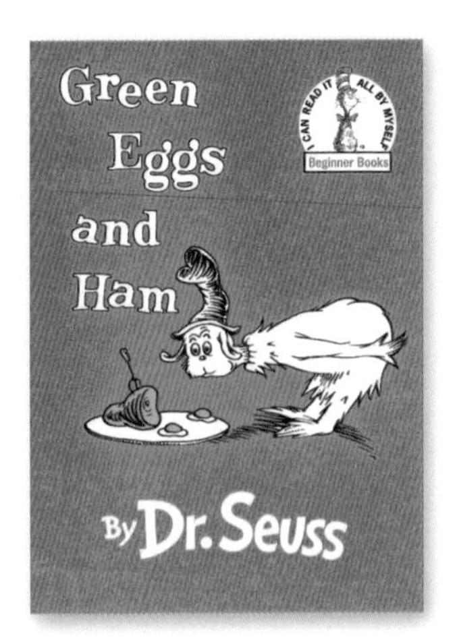

닥터 수스의 대표적인 리더스북이다. 운율에 맞춰 반복되는 문장 속에서 영어의 말맛과 재미를 느끼게 되고 리딩 실력도 향상된다. 책을 읽고 동영상을 보면 "Do you like green eggs and ham?(초록색 계란과 햄을 좋아하니?)"이라는 말을 무의식중에 반복하게 되며 책이 자꾸 읽고 싶어진다. 65페이지다.

《Green Eggs and Ham》을
움직이는 그림으로 제작하여
읽어 주는 동영상

《Pete the Cat: I Love My White Shoes》

작가: Eric Litwin / AR 1.5

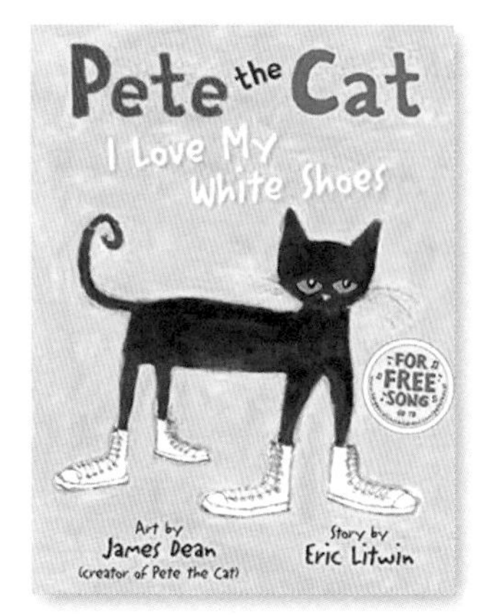

뉴욕타임스 베스트셀러 시리즈다. 흰 운동화를 신은 고양이 피트더캣Pete the Cat이 다양한 과일과 음식 위를 걸어 다니고, 밟는 음식과 과일에 따라 신발 색이 변한다. 흰색이었던 새 신발이 여러 색깔로 바뀌지만, 긍정적인 피트더캣은 바뀌는 모든 색을 좋아하며 노래를 부른다. 피트더캣이 노래 부르는 장면에서 실제로 노래로 부르며 책을 읽어 주는 동영상을 공유한다. 《Pete the Cat: Rocking in My School Shoes》, 《Pete the Cat and His Four Groovy Buttons》와 더불어 세 권 시리즈다.

뉴욕타임스 베스트셀러

《Pete the Cat: I Love My White Shoes》 읽어 주는 동영상

《Danny and the Dinosaur Go to Camp》

작가: Syd Hoff / AR 1.8

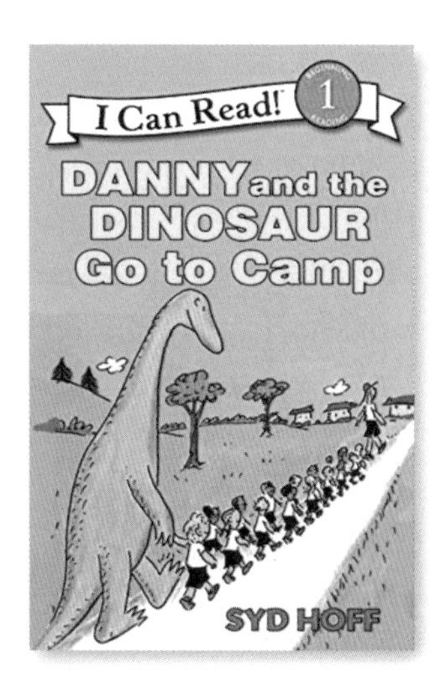

아이들의 로망 중의 하나는 공룡과 친구가 되어 노는 것이다. 공룡 친구와 캠프도 가고 학교도 가고 점심도 같이 먹고 함께 생활하는 아이 대니Danny는 공룡이 있어 마냥 행복하다. 《Danny and the Dinosaur》, 《Happy Birthday, Danny and the Dinosaur!》와 함께 세 권 시리즈다.

《Danny and the Dinosaur Go to Camp》 읽어 주는 동영상

《Curious George Colors Eggs》 작가: H. A. Rey / AR 1.8

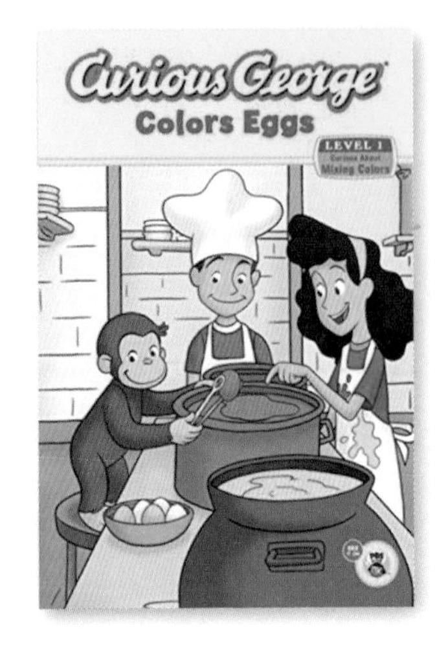

원숭이 조지가 주인공인 시리즈다. AR 1에서 4까지를 포괄하며 총 29권으로 구성되어 있다. 시리즈는 같은 주인공이 계속 나오므로 난이도가 높아지는지 모르고 읽다 보면 자연스럽게 레벨이 올라가는 장점이 있다. 지금 단계에서 읽으면 좋은 미국 1학년 수준의 리더스북에는 《Curious George Librarian for a Day》, 《Curious George Takes a Trip》, 《Curious George Haunted Halloween》, 《Curious George Race Day》, 《Curious George Fire Dog Rescue》가 있다. 《Curious George Colors Eggs》는 여러 가지 색깔을 섞어 가며 계란을 염색하는 동안 벌어지는 소동을 담은 이야기다.

《Curious George Colors Eggs》를
단어 색 바뀌며 읽어 주는 동영상

《The Berenstain Bears Forget Their Manners》 작가: Stan Berenstain / AR 1.9

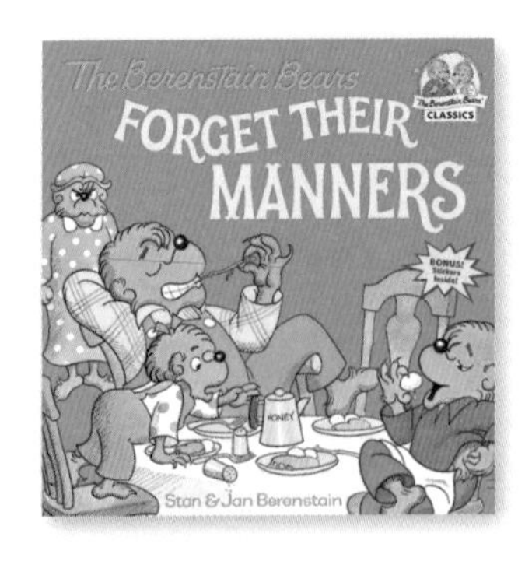

형제, 친구들과의 관계, 바른 예절에 관한 에피소드를 통해 엄마가 해야 할 잔소리를 대신해 주고 인성과 사회성을 길러 주는 책이다. 총 60권으로, 읽기 레벨은 AR 1에서 4까지 범위가 넓다. 미국 1학년 수준의 책에는 《The Berenstain Bears, God Made the Colors》, 《The Berenstain Bears' Show-and-Tell》, 《The Berenstain Bears Family Reunion》이 있다.

《The Berenstain Bears Forget Their Manners》
읽어 주는 동영상

2단계(AR 2.0~2.2)
중기 리더스북 시리즈

《Just Me and My Mom》(A Little Critter Book)

작가: Mercer Mayer / AR 2.0

파닉스 용용 그림책에서 만나 보았던, 게슴츠레 장난기 가득한 눈을 가진 리틀 크리터가 주인공이다. 아이들의 일상과 감정을 세심하게 풀어낸 책이라 공감하며 본다. 24권 시리즈다. 《Just Me and My Mom》은 엄마와 단둘이 도시로 여행을 가는 리틀 크리터의 기대감과 그 속에서 일어나는 사건을 보여 준다. 책을 읽어 주는 대로 단어 색이 바뀌는 동영상을 공유한다. 아이에게 색깔이 바뀌는 것을 보면서 따라 읽게 하자.

《Just Me and My Mom》을
단어 색 바뀌며 읽어 주는 동영상

《Minnie And Moo Go Dancing》 작가: Denys Cazet / AR 2.0

소 친구 미니Minnie와 무Moo의 유머러스하고 행복한 이야기다. 둘은 함께 여행도 가고 파티도 하며 엉뚱하면서도 즐거운 나날을 보낸다. 페이지마다 7~8줄의 문장이 있고 챕터가 나뉘어 있지만 쉬운 단어로 구성되어 있어서, 조금 두꺼운 책인데도 아이들이 부담 없이 다가선다. 《Minnie and Moo: The Case of the Missing Jelly Donut》, 《Minnie and Moo Go to Paris》 등의 시리즈가 있다.

《Minnie And Moo Go Dancing》
읽어 주는 동영상

《Little Bear's Friend》

작가: Else Holmelund Minarik / AR 2.1

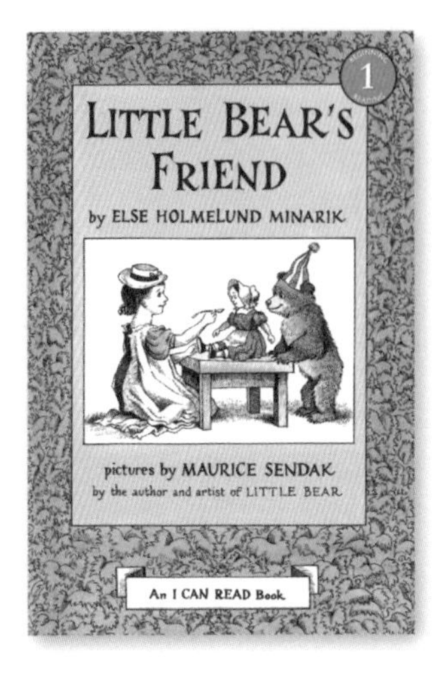

페이지당 7~8줄의 문장이 있고 64페이지다. 분량은 좀 많지만 쉬운 단어로 구성되어 있어 읽는 데 큰 무리는 없다. 《Little Bear》, 《Little Bear Comes Home》, 《Little Bear's Friend》, 《A Kiss for Little Bear》, 《Little Bear's Visit》의 5권 시리즈다. 《Little Bear's Friend》는 한가롭고 조용한 자연 속 친구를 향한 리틀 베어Little Bear의 따뜻한 우정을 그린 이야기다.

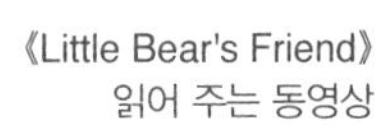
《Little Bear's Friend》
읽어 주는 동영상

《Amelia Bedelia Goes Camping》

작가: Peggy Parish / AR 2.2

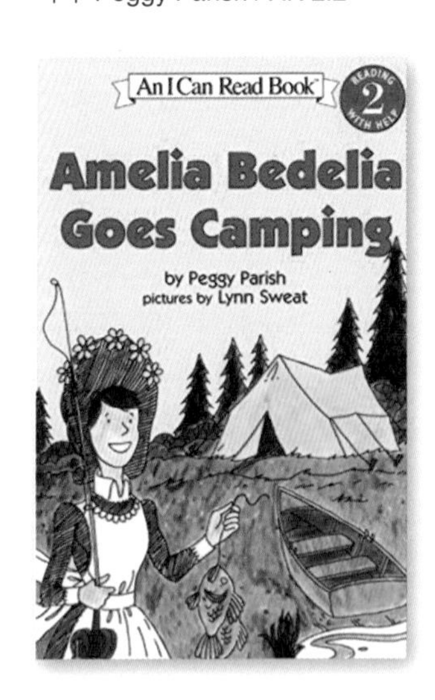

《Amelia Bedelia》 시리즈는 주인공의 유머러스한 말실수를 통해 관용어 및 여러 뜻을 담고 있는 단어들의 의미, 은유적인 표현을 익힐 수 있는 책이다. 예를 들어 'Hit the road'는 '출발하다'라는 뜻의 숙어다. 집주인 로저스Rogers 씨가 "Hit the road"라고 하자 아멜리아 베델리아Amelia Bedelia는 '길을 쳐라'라고 한 줄 알고 나뭇가지를 들고 땅을 치기 시작한다. 이처럼 우스꽝스러운 표현과 그림은 어려운 표현들도 아이들 머릿속에 쏙쏙 박히게 한다.

《Amelia Bedelia Goes Camping》
읽어 주는 동영상

3단계(AR 2.3)
읽기 완성 리더스북 시리즈

《Ribbon Rescue》 작가: Robert Munsch / AR 2.3

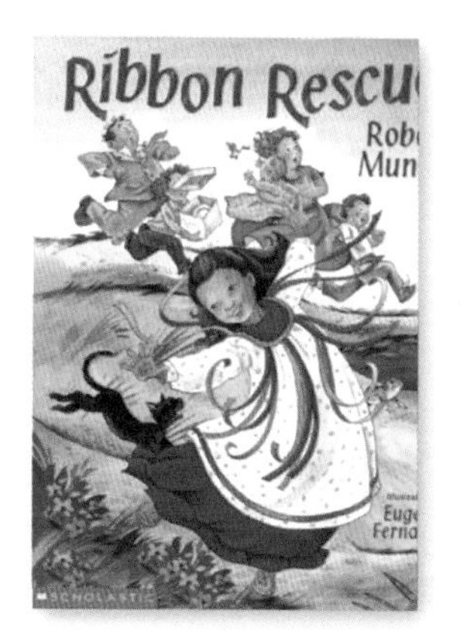

어휘가 어려운 부분이 있지만 내용이 재미있고 신선해 아이들이 손에서 놓지 않는 시리즈 중 하나다. 《Love You Forever》의 작가 로버트 먼치의 리더스북이다. 작가의 리더스북 시리즈로 《We Share Everything!》, 《Alligator Baby》, 《Aaron's Hair》, 《Zoom》, 《Mmm, Cookies!》가 있다. 모두 반전이 있고 스토리가 흥미롭다. 《Ribbon Rescue》는 할머니가 준 리본으로 신랑, 신부, 하객들의 긴급한 문제를 재치 있게 해결해 주는 줄리안Jillian의 이야기다.

《Ribbon Rescue》
읽어 주는 동영상

《Click, Clack, Moo: Cows That Type》

작가: Doreen Cronin / AR 2.3

칼데콧상 수상작이고 미국 교과서에도 실려 있다. 젖소들이 타자기로 글을 쓰고 농부 브라운Brown 씨에게 요구 사항을 전달한다. 신선하고 위트 있는 이야기는 책을 보는 내내 아이들에게 웃음을 준다. 이외에 《Giggle, Giggle, Quack》, 《Dooby Dooby Moo》, 《Click, Clack, Boo!: A Tricky Treat》 시리즈가 있다.

 **칼데콧상** 수상작

《Click, Clack, Moo: Cows That Type》
읽어 주는 동영상

《Tale of Peter Rabbit》 작가: Beatrix Potter / AR 2.3

장난꾸러기 토끼 피터Peter가 채소를 훔치기 위해 맥그리거McGregor 씨의 정원을 넘나들다 벌어지는 소동이다. 고전 명작이고 2018년 영화로도 개봉됐다. 베아트릭스 포터 작가의 동물이 주인공인 이야기Tale 시리즈로 《The Tale of the Flopsy Bunnies》, 《The Tale of Tom Kitte》가 있다.

《Tale of Peter Rabbit》
읽어 주는 동영상

★읽기 자립의 기준★

《Henry And Mudge First Book》 작가: Cynthia Rylant / AR 2.3

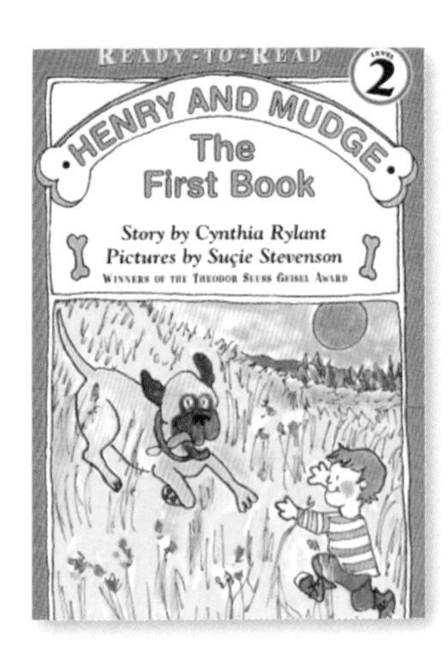

《Harry Potter》가 영어 자립의 기준이라면, 《Henry and Mudge》는 읽기 자립의 기준이다. 뉴베리상을 수상한 신시아 라일런트 작가의 작품이다. 80kg에 달하는 개 머지Mudge와 소년 헨리Henry의 우정을 그렸다. 미국 교과서에 실려 있고, 26권 시리즈다. 시리즈 모두 미국 2학년 수준의 책이다. 챕터가 나뉘어 있고 40페이지다. 아이가 《Henry and Mudge》 시리즈를 재미있게 읽는다면 미국 2학년 수준의 영어 '읽기 자립'을 이룬 것이다! 내용이 이해되지 않으면 즐겁게 읽을 수 없기 때문에, 재미있게 읽는다는 것은 내용을 모두 이해함을 의미한다.

《Henry And Mudge First Book》
읽어 주는 동영상

특별활동 좋아하는 페이지 **필사하기**

필사란 책을 그대로 베껴 써보는 것이다. 책의 문장을 그대로 써보는 것은 큰 장점이 있다. 문형을 제대로 익히게 되고 몰랐던 단어를 반복해 써보면서 외우게 된다.

성인의 경우에도 필사는 어학 공부의 효과적인 방법이다. 하지만 아직 어린 우리 아이들에게 필사를 시키는 데는 주의가 필요하다. 필사는 기본적으로 지루한 작업이다. 아이가 원하지도 않는데 억지로 써보게 하는 것은 영어와 멀어지게 하는 지름길이다. 효과적인 필사 방법은 무엇일까?

첫째, 아이가 먼저 하고 싶어 할 때 진행한다. 아이가 좋아하는 그림책 중 한 페이지를 정한 후, 글을 써보고 그림도 따라 그리게 한다. 색도 칠해 본다. 처음 시작할 때는 글보다는 그림이 많은 페이지를 필사한다. 이런 과정은 영어 책에 대한 흥미를 북돋우고 영어를 몸으로 익히도록 도와준다.

둘째, 책 전체를 필사할 때는 재미있고 쉬운 책을 선택한다. 10쪽 이하, 글이 한 줄 있는 책이 좋다. 처음부터 따라 쓰게 하지 말고, 아이가 책을 소리 내어 한번 읽고 내용을 이해한 후 복습하면서 써보도록 한다. 이 또한 아이가 좋아하는 책으로, 아이가 하고 싶을 때 진행한다. 아이가 지루해하거나 싫어하지 않는 선에서 진행한다면, 손으로 익히고 뇌로 각인되어 영어가 몸에 배게 하는 효과적인 방법이다.

좋아하는 책에서 한 페이지씩 고른, 몇 장의 필사본이 모이면 아이의 이름을 써서 또 하나의 조그만 책으로 만들어 준다. 필사본을 모아 정리한 뒤 스테이플러로 찍으면 된다. 그렇게 만든 필사본을 보며 아이는 성취감을 느끼고, 또 반복해서 읽게 된다.

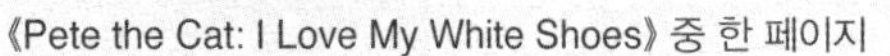
《Pete the Cat: I Love My White Shoes》 중 한 페이지

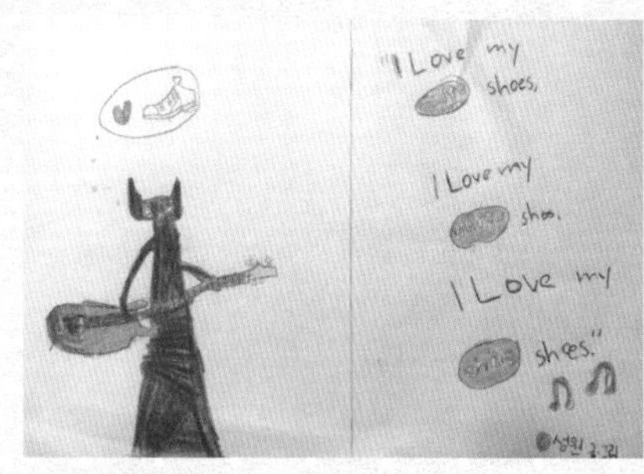

일곱 살 둘째 아이가 필사한 그림

STEP 7
우리 아이가 꼭 읽어야 할 강력 추천, **리더스북 60!**

1단계, 도전 20권!

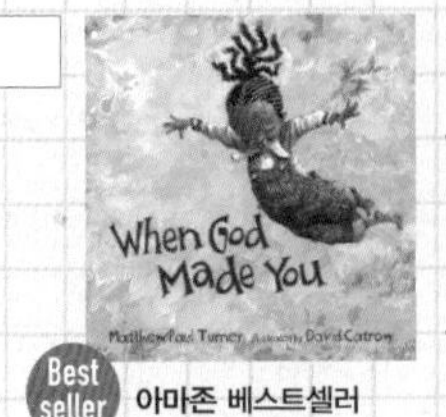

Best seller 아마존 베스트셀러

1

When God Made You

작가: Matthew Paul Turner

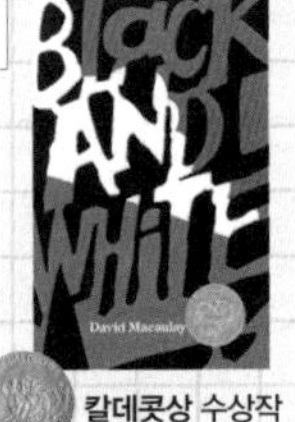

칼데콧상 수상작

2

Black and White

작가: David Macaulay

칼데콧상 수상작

3

Hello Lighthouse

작가: Sophie Blackall

칼데콧상 수상작

4

Ox-Cart Man

작가: Donald Hall

칼데콧상 수상작

5

Mirette on the High Wire

작가: Emily Arnold McCully

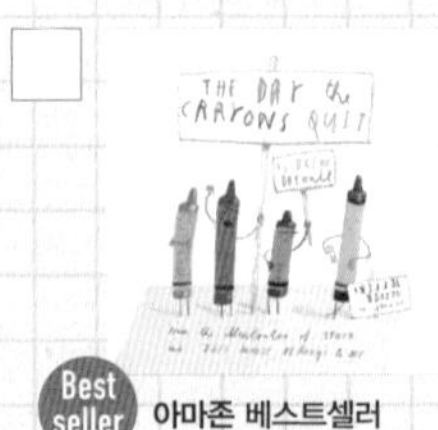

Best seller 아마존 베스트셀러

6

The Day the Crayons Quit

작가: Drew Daywalt

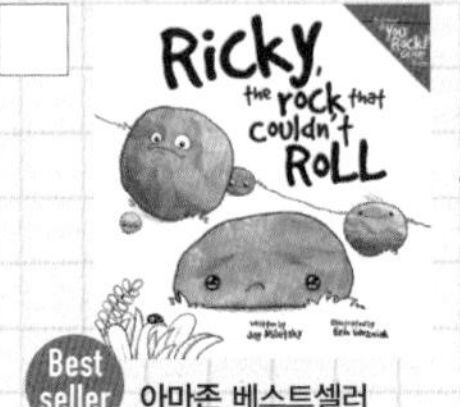

Best seller 아마존 베스트셀러

7

Ricky, the Rock That Couldn't Roll

작가: Jay Miletsky

Best seller 아마존 베스트셀러

8

It's Not Easy Being a Bunny

작가: Marilyn Sadler

9

Germs! Germs! Germs!

작가: Bobbi Katz

10

The Biggest Fish

작가: Sheila Keenan

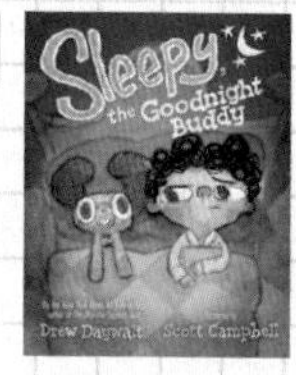

11

Sleepy, the Goodnight Buddy

작가: Drew Daywalt

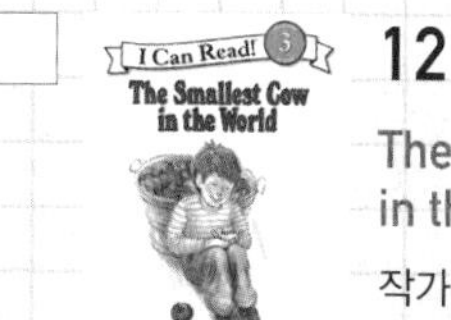

12

The Smallest Cow in the World

작가: Katherine Paterson

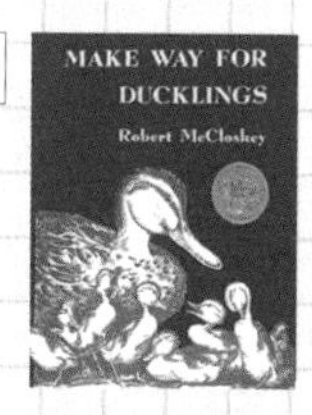

13

Make Way for Ducklings

작가: Robert McCloskey

14

The Jolly Christmas Postman

작가: Allan Ahlberg

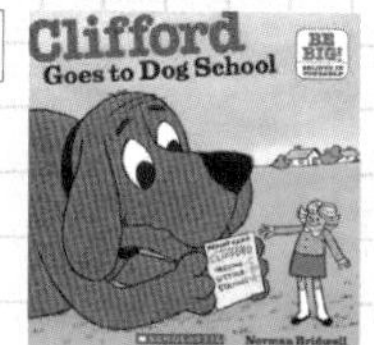

15

Clifford Goes to Dog School

작가: Norman Bridwell

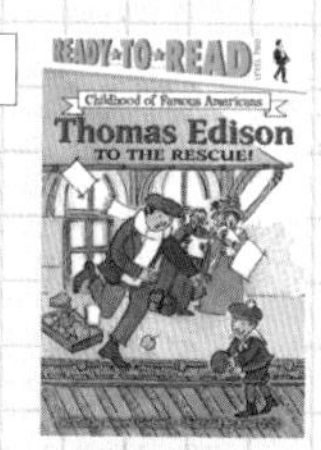

16

Thomas Edison to the Rescue!

작가: Howard Goldsmith

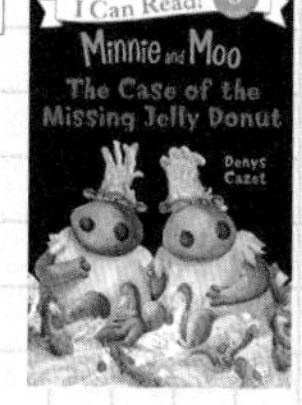

17

Minnie and Moo: The Case of the Missing Jelly Donut

작가: Denys Cazet

18

Little Critter: Just Helping My Dad

작가: Mercer Mayer

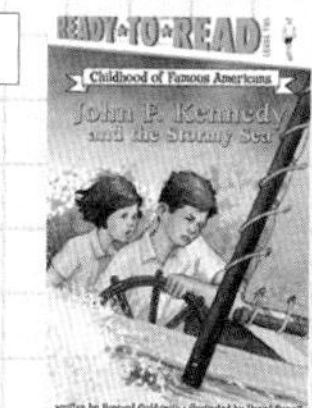

19

John F. Kennedy and the Stormy Sea

작가: Howard Goldsmith

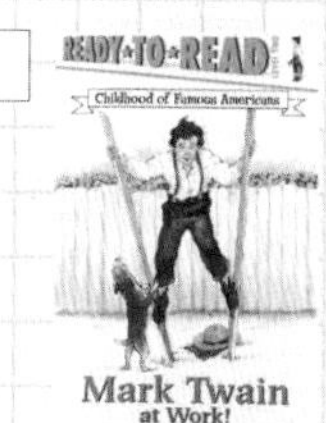

20

Mark Twain at Work!

작가: Howard Goldsmith

STEP 7
우리 아이가 꼭 읽어야 할 강력 추천, **리더스북 60!**

2단계 40권 돌파, 칭찬 필수!

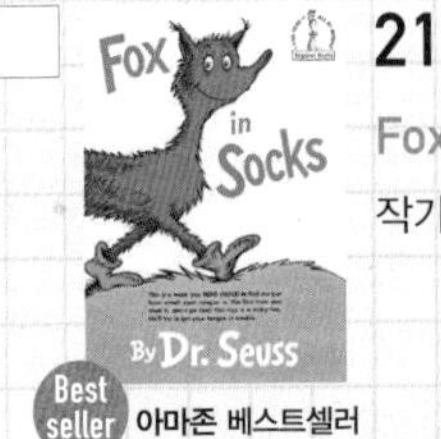

Best seller 아마존 베스트셀러

21

Fox in Socks

작가: Dr. Seuss

22

Millions of Cats

작가: Wanda Gag

23

Big Max

작가: Kin Platt

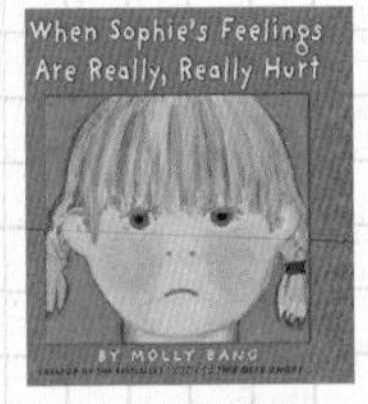

24

When Sophie's Feelings Are Really, Really Hurt

작가: Molly Bang

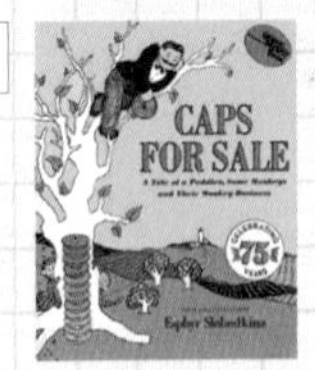

25

Caps for Sale

작가: Esphyr Slobodkina

26

Fly Guy Presents: Space

작가: Tedd Arnold

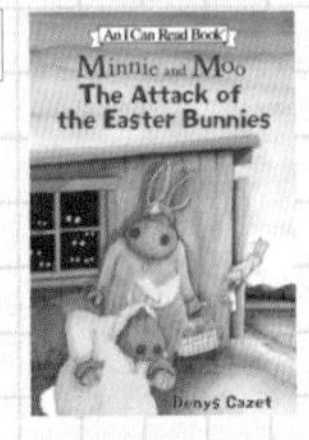

27

Minnie and Moo: The Attack of the Easter Bunnies

작가: Denys Cazet

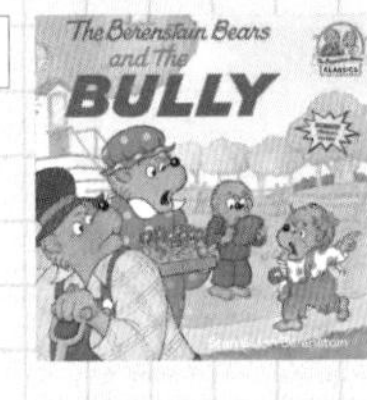

28

The Berenstain Bears and the Bully

작가: Stan Berenstain

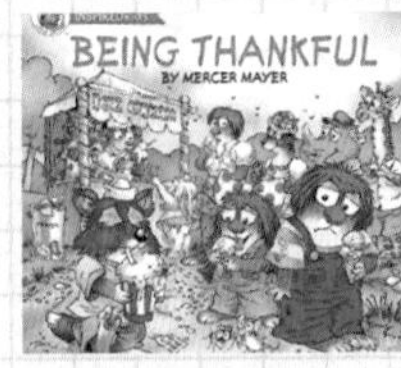

29

Being Thankful

작가: Mercer Mayer

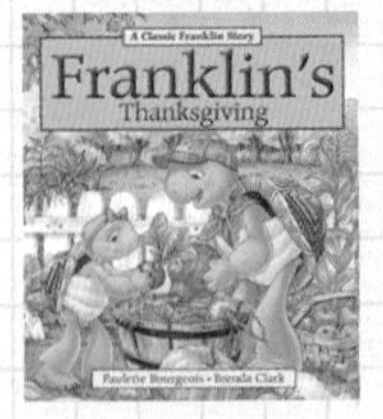

30

Franklin's Thanksgiving

작가: Paulette Bourgeois

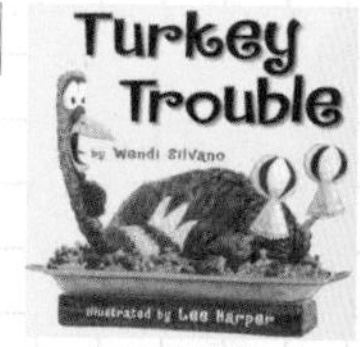

31

Turkey Trouble

작가: Wendi Silvano

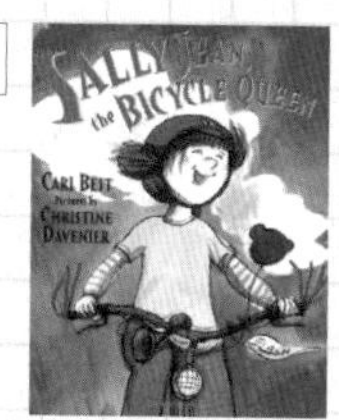

32

Sally Jean, the Bicycle Queen

작가: Cari Best

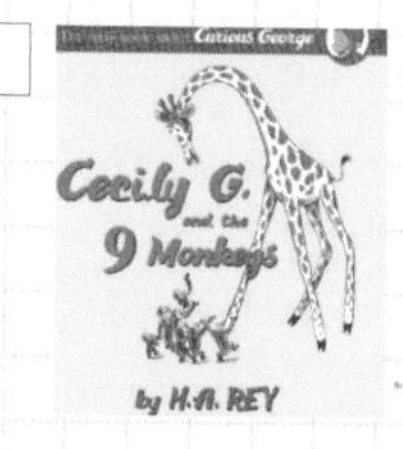

33

Cecily G. and the 9 Monkeys

작가: H. A. Rey

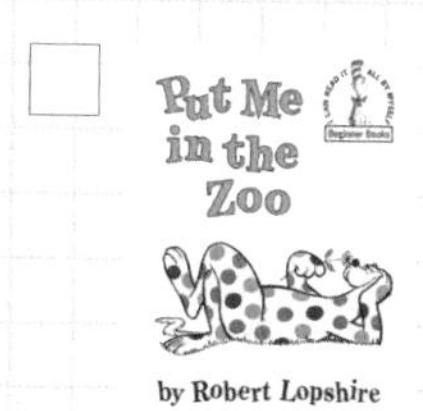

34

Put Me in the Zoo

작가: Robert Lopshire

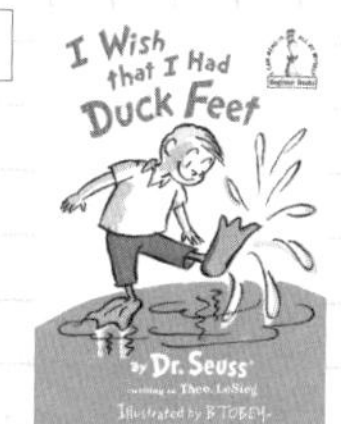

35

I Wish That I Had Duck Feet

작가: Theo. LeSieg

36

Dr. Seuss's Sleep Book

작가: Dr. Seuss

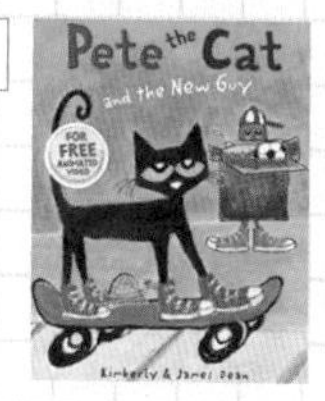

37

Pete the Cat and the New Guy

작가: James Dean

38

Mr. Tickle

작가: Roger Hargreaves

39

The Tiger Who Came to Tea

작가: Judith Kerr

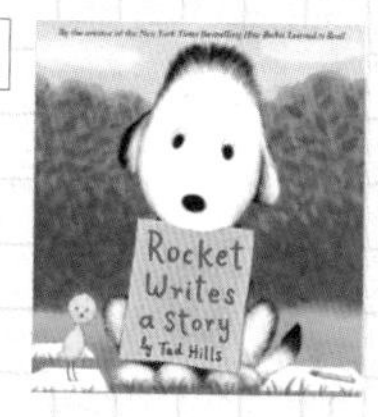

40

Rocket Writes a Story

작가: Tad Hills

STEP 7
우리 아이가 꼭 읽어야 할 강력 추천, **리더스북 60!**

파이널, 60권 완결, 선물 준비!

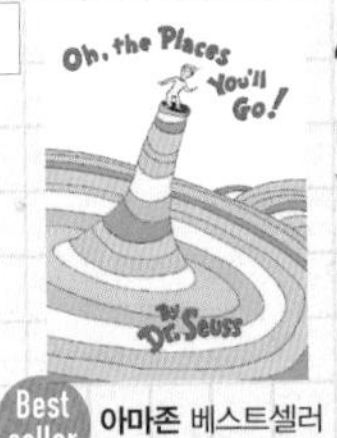

41

Oh, the Places You'll Go!

작가: Dr. Seuss

Best seller 아마존 베스트셀러

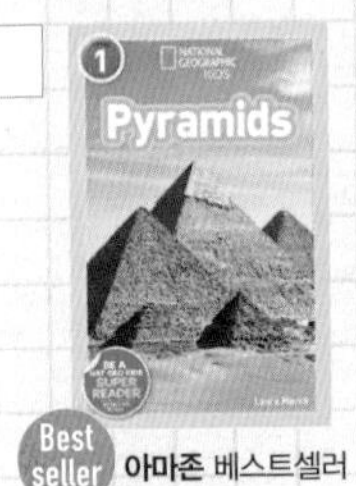

42

National Geographic Readers:Pyramids

작가: Laura Marsh

Best seller 아마존 베스트셀러

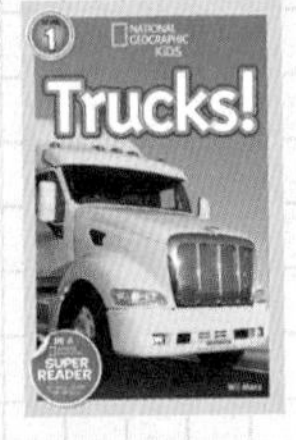

43

National Geographic Readers: Trucks

작가: Wil Mara

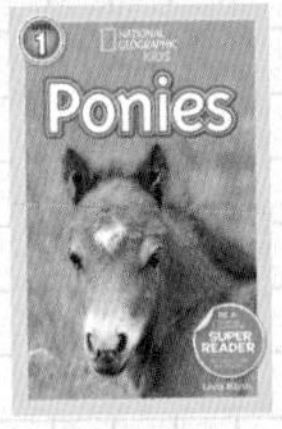

44

National Geographic Readers: Ponies

작가: Laura Marsh

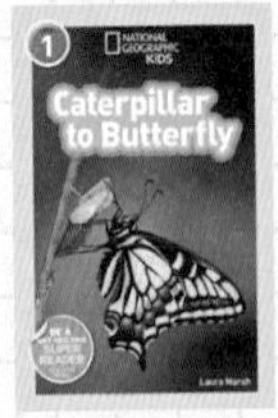

45

National Geographic Readers: Caterpillar to Butterfly

작가: Laura Marsh

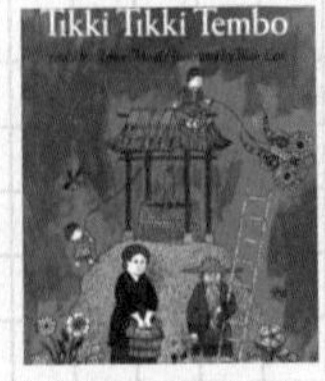

46

Tikki Tikki Tembo

작가: Arlene Mosel

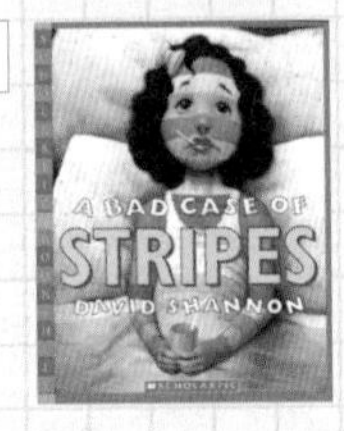

47

A Bad Case of Stripes

작가: David Shannon

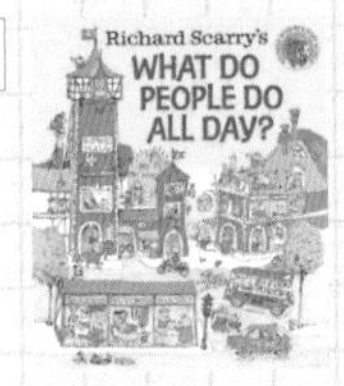

48

What Do People Do All Day?

작가: Richard Scarry

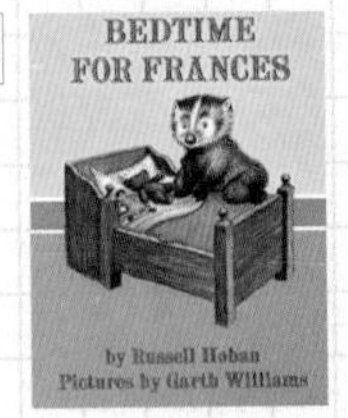

49

Bedtime for Frances

작가: Russell Hoban

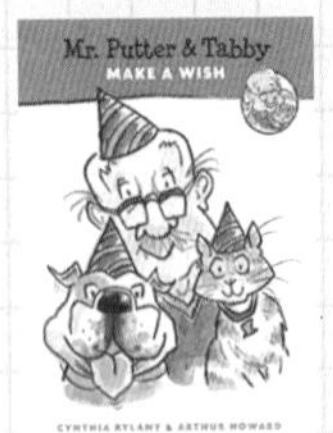

50

Mr. Putter & Tabby Make a Wish

작가: Cynthia Rylant

51

Mr. Putter & Tabby
Drop the Ball

작가: Cynthia Rylant

52

Mr. Putter & Tabby
See the Stars

작가: Cynthia Rylant

53

Mr. Putter & Tabby
Smell the Roses

작가: Cynthia Rylant

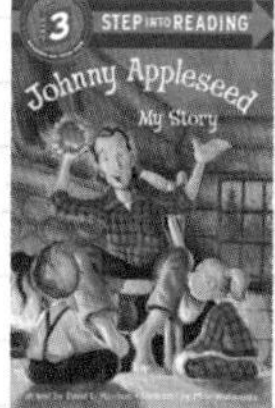

54

Johnny Appleseed:
My Story

작가: David L. Harrison

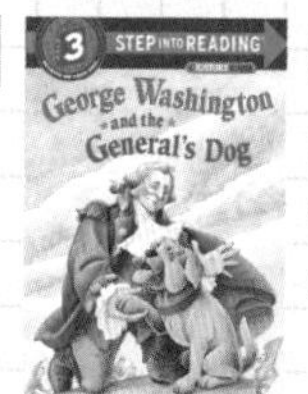

55

George Washington
and the General's Dog

작가: Frank Murphy

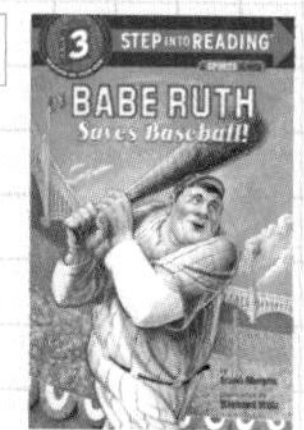

56

Babe Ruth Saves
Baseball!

작가: Frank Murphy

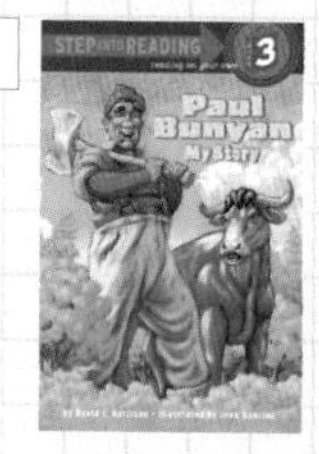

57

Paul Bunyan:
My Story

작가: David L.
Harrison

58

Give Me Half!
(Math Start 2)

작가: Stuart J.
Murphy

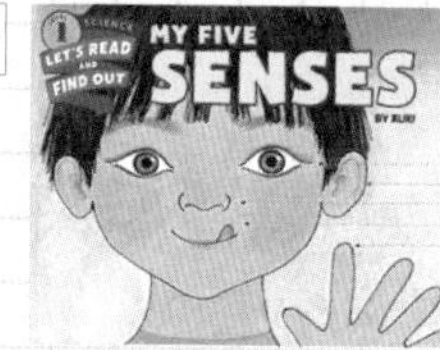

59

My Five Senses

작가: Aliki

60

Whales
(All Aboard
Science Reader)

작가: Graham
Faiella

Q: 초등 4학년인데 영어를 거의 처음 시작한다고 보시면 됩니다. 그런데 아이가 영어 그림책은 시시하다고 거부하네요. 어떻게 하면 좋을까요?

A: 우리나라는 초등학교 3학년부터 학교 영어 수업이 시작됩니다. 초등 3학년 때 영어를 거의 처음 접하고, 4학년 때부터 본격적으로 영어 공부를 시작하는 아이들도 있습니다. 이런 경우 우리말 실력은 뛰어나지만 영어는 미국 유치원생 정도의 수준인 경우가 많지요. 본인의 영어 레벨에 맞는 그림책을 주면 흥미를 느끼지 못하고 시시하다고 읽기를 거부합니다. 또 지적 수준에 맞는 영어 책은 어휘를 몰라서 손을 대기가 어렵고요. 이때는 다른 접근 방법이 필요합니다.

우선 영영 사전을 구입하세요. 그리고 표지를 보고 아이가 좋아할 만한 책을 함께 고릅니다. 저는 보통 얇은 챕터북을 추천해요. 챕터북이란 챕터가 나뉘어 있는 책을 말합니다. 챕터가 나뉘어 있다는 것은 책이 어느 정도 두께감이 있다는 의미입니다.

첫 번째 추천 책은 《Magic Tree House》 시리즈입니다. 50권이 넘는 시리즈 중 1~28권까지의 수준이 적절합니다. 67쪽이고 미국 초등 2~3학년 읽기 레벨이죠. 그 이후의 책들은 미국 초등 4학년 수준에 이르니 좀 어렵고요.

첫 번째 책인 1권부터 시작합니다. 1권은 AR 2.6, 미국 초등 2학년 6개월의 읽기 수준이에요. 《Magic Tree House》는 시공간을 초월해 역사 현장으로 들어가 환상적인 모험을 하는 이야기입니다. 많은 아이들이 좋아하는 전 세계 베스트셀러입니다.

《Magic Tree House》가 글자 수 때문에 부담이 된다면 《Nate the Great》 시리즈로 도전해보세요. 미국 2학년 수준의 초기 챕터북으로 50페이지 정도입니다. 글자 간의 여백이 있고 흰 종이로 되어 있어서 좀 만만해 보입니다. 컬러 그림이 간간이 있고 챕터가 나뉘어 있습니다. 탐정 이야기이므로 아이들이 뒷이야기가 궁금해 책장을 술술 넘긴답니다. 책장을 손으로 넘기면서 두께가 있는 챕터북에 익숙해지는 것이죠.

실행 방법을 살펴보겠습니다.

엄마가 미리 책을 처음부터 끝까지 훑어보면서 아이가 모를 것 같은 단어를 영영 사전에서 찾습니다. 그리고 찾은 단어들에 조그만 포스트잇을 붙여 둡니다. 아이에게 영영 사전에 붙은 포스트잇을 떼어 가며 찾아 놓은 단어들을 소리 내어 읽도록 합니다. 단어를 읽고 정의, 예문들을 모두 읽게 해야 합니다.

처음 본 단어들이지만 영영 사전을 통해 단어, 정의, 예문을 읽어 그 단어를 4회 정도 만났습니다. 단어를 모두 읽어 본 후 책을 줍니다. 모르는 단어를 방금 전에 리뷰했으므로 아이는 책을 이해하며 술술 읽게 되는 것이죠.

이렇게 열 권만 해보시죠. 《Magic Tree House》나 《Nate the Great》 모두 내용이 이해가 안 돼서 읽기 싫은 것이지, 내용만 이해되면 대부분의 아이가 좋아하는 책이거든요. 열권 정도 이와 같이 반복한 후에는 단어를 미리 찾아 주지 않고 그냥 읽게 합니다. 이미 이야기에 푹 빠진 아이는 모르는 단어가 있어도 읽고 싶어질 것이고, 그간 반복해 습득한 단어 덕분에 점점 수월하게 읽게 될 것입니다.

이렇게 열 권을 하고도 아이가 혼자 읽는 것을 어려워하면 몇 권 더 같은 방법으로 진행합니다. 열 번 찍어 안 넘어 가는 나무는 없죠. 영어 책도 마찬가지입니다. 포기만 하지 않는다면 시간이 더 걸릴 뿐 언젠가는 넘어가기 마련입니다. 포기만 하지 마세요!

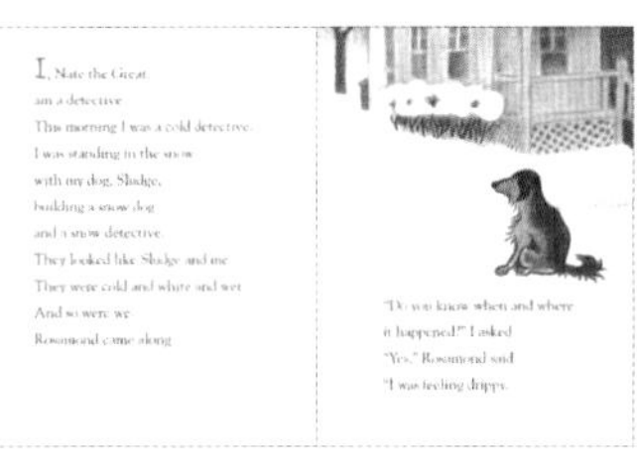
I, Nate the Great
am a detective.
This morning I was a cold detective.
I was standing in the snow
with my dog, Sludge,
building a snow dog
and a snow detective.
They looked like Sludge and me.
They were cold and white and wet.
And so were we.
Rosamond came along.

"Do you know when and where
it happened?" I asked.
"Yes," Rosamond said.
"I was feeling drippy."

Appendix

책이 살아난다! 음악 & 애니메이션으로 익히는 펀 잉글리시 Fun English

애니메이션으로
다시 태어난 책 시리즈

《Snowie Rolie》 작가: William Joyce

〈Rolie Polie Olie〉 애니메이션 시리즈다. 파란 하늘의 환상적인 행성에 사는 롤리폴리Rolie Polie의 행복한 이야기다. 행성에서는 모든 사물이 문자 그대로 살아난다. 《Snowie Rolie》 책을 애니메이션으로 구현한 에피소드를 공유한다. 이 외에도 많은 에피소드를 유튜브를 이용해 무료로 볼 수 있다.

〈Rolie Polie Olie〉
애니메이션 시리즈 – Snowie Rolie편

《Bessie's Flying Circus》 작가: Roderick Hunt

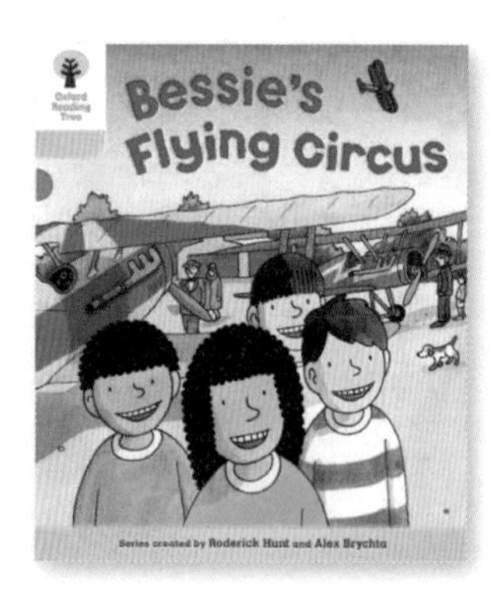

《Oxford Reading Tree》 시리즈를 애니메이션으로 만들었다. 영국 책인 만큼 영국 발음으로 제작한 애니메이션을 공유한다. 책 내용을 그대로 제작한 에피소드와 생물, 과학 지식을 알려 주는 내용, 일상생활, 단어 공부, 예의범절을 가르쳐 주는 내용 등이 담겨 있다. 'command(명령)'라는 단어를 공부하고 《Bessie's Flying Circus》의 내용을 애니메이션으로 재구성한 에피소드를 먼저 공유한다. 아래 QR코드를 이용하면 26편의 에피소드를 볼 수 있다.

〈The Magic Key(ORT)〉
애니메이션 – The Flying Circus 편

책의 인기로 인해 애니메이션으로 제작된 시리즈들을 만나 보자. 오랜 세월 동안 전 세계에서 사랑받은 책들을 중심으로 구성했다. 책을 그대로 구현한 버전과 새로운 내용을 다룬 에피소드가 있다. 같은 캐릭터가 나온다는 것만으로도 아이들은 책과 동영상을 함께 즐기게 된다.

《Shapes and Sizes with Winnie-the-Pooh 》

출판사: Egmont Childrens Books

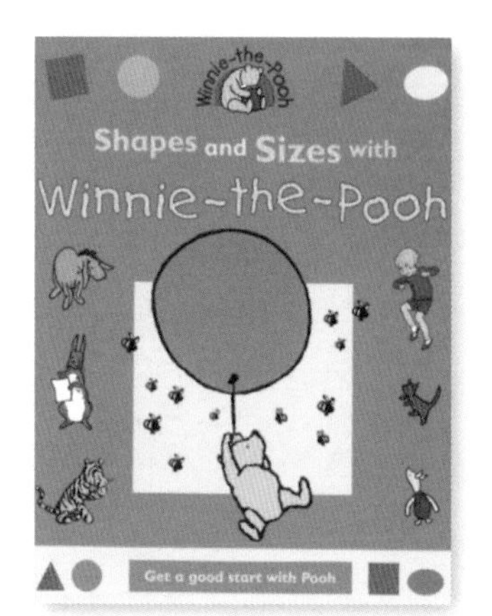

아이들에게 익숙한 곰 캐릭터 푸Winnie the Pooh의 주인공들이 등장한다. 책을 애니메이션으로 구현했다. 아이에게 책도 보여 주고 동영상도 함께 즐기자. 사각형, 원, 삼각형 등 다양한 도형의 이름과 크기를 익힐 수 있다. 푸와 푸의 친구들이 모두 나와 도형을 가지고 이야기하는 모습 자체가 흥미를 끈다.

〈Winnie The Pooh Shapes and Sizes〉 애니메이션

《The Giving Tree》 작가: Shel Silverstein

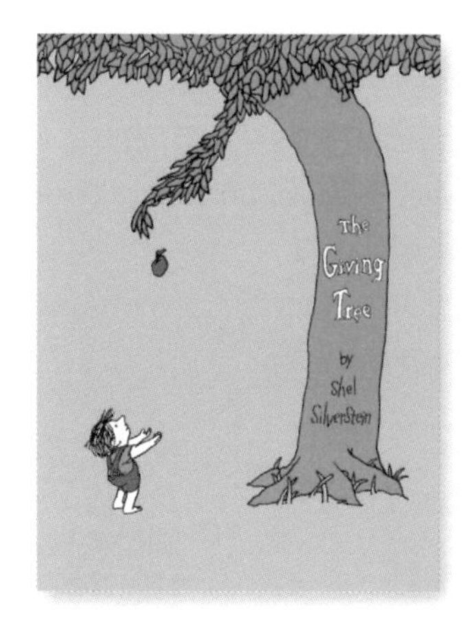

우리나라에서도 '아낌 없이 주는 나무'라는 제목으로 널리 읽힌 책이다. 아이에 대한 나무의 진실한 사랑을 감동 깊게 표현한 작품이다. 책에 있는 그림 그대로 한 장 한 장 애니메이션으로 제작하여 읽어 준다. 어릴 적 읽었을 때나 아이에게 읽어 줄 때나 한결같이 감동적인 아름다운 책이다.

〈The Giving Tree〉 애니메이션

《Little Bear》 작가: Elsa Holmelund Minarik

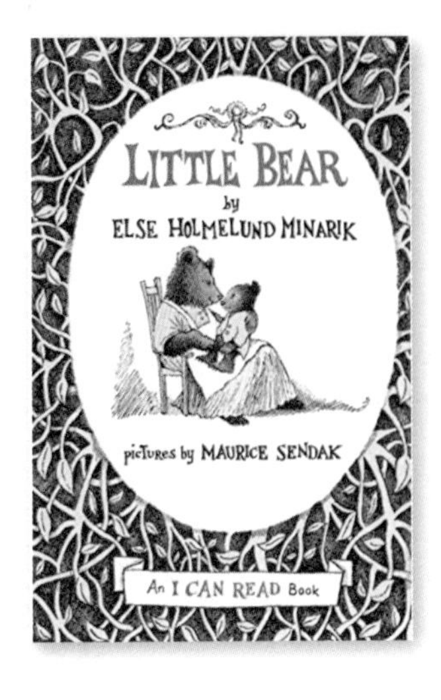

《I Can Read》 시리즈에도 실려 있는 《Little Bear》의 애니메이션 시리즈다. 책 내용을 그대로 애니메이션으로 구현했다. 아래 QR코드로 《Little Bear》 시리즈에 실려 있는 〈What Will Little Bear Wear?〉, 〈Hide and Seek〉, 〈Little Bear Goes to the Moon〉을 차례로 볼 수 있다.

〈Little Bear〉
애니메이션 시리즈
– What Will Little Bear Wear? 편

《The Berenstain Bears Visit Fun Park》

작가: Stan Berenstain

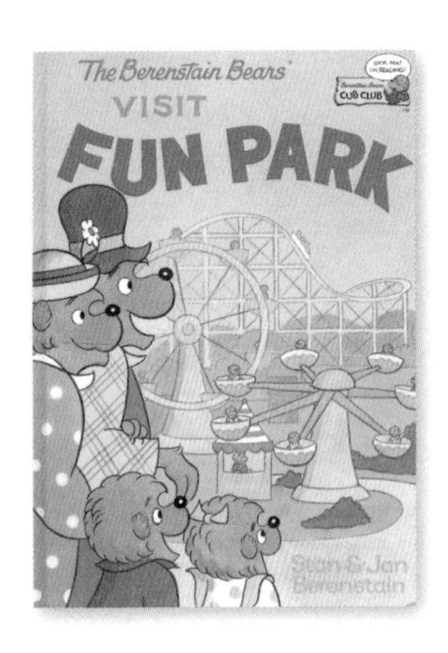

세계적으로 유명한 《The Berenstain Bears》의 애니메이션 시리즈다. 책 내용을 애니메이션으로 재구성했다. 일상생활에서 일어날 수 있는 다양한 소재를 모티브로 하고 있으며, 교훈과 감동이 있을 뿐 아니라 미국 문화도 배울 수 있다. 아래 QR코드로는 〈Visit Fun Park〉, 〈The Perfect Fishing Spot〉을 볼 수 있다.

〈The Berenstain Bears〉
애니메이션 시리즈 – Visit Fun Park 편

《Curious George Goes Camping》 작가: Margret & H. A. Rey

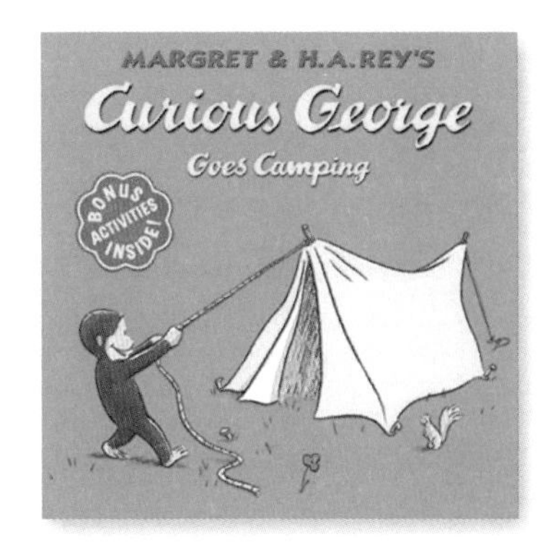

노란색 바탕의 책 표지에 귀여운 원숭이 조지가 다양한 경험을 하는 시리즈가 기억날 것이다. 《Curious George》의 애니메이션 시리즈가 나왔다. 책 내용을 그대로 구현한 에피소드도 있지만, 애니메이션으로만 만날 수 있는 에피소드도 있다. 아이들이 넋을 잃고 좋아하며 본다.

〈Curious George〉
애니메이션 시리즈
– Curious George Goes Camping 편

《Caillou Puts Away His Toys》 작가: Joceline Sanschagrin

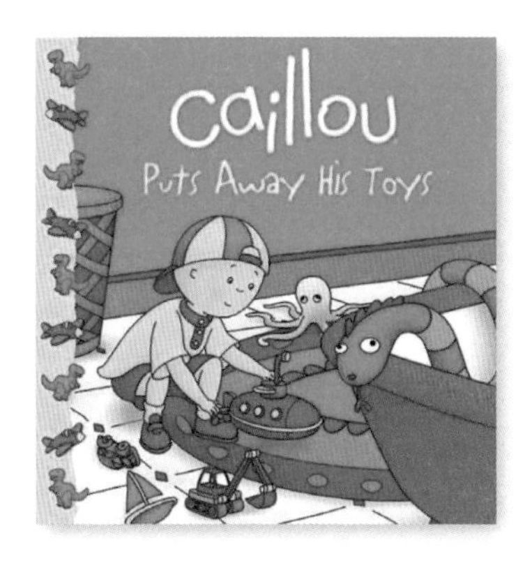

〈까이유Caillou〉 시리즈는 세 살부터 어떤 나이의 아이라도 재미있게 보는 애니메이션이다. 영어를 처음 시작하는 아이들에게 쉽고 유익한 내용으로 공감대를 형성한다. 애니메이션 시리즈를 먼저 보여 주고 책을 찾아 읽어 줘도 좋고, 반대로 책을 먼저 읽고 애니메이션을 즐겨도 좋다. 단어가 쉽고 짧은 문장으로 구성돼 있어 책을 읽어 주는 것도 어렵지 않다.

〈Caillou〉
애니메이션 시리즈
– Caillou Tidies His Toys 편

애니메이션 영화 음악을 영어 가사와 함께!
단어 색 바뀌면 따라 부르기

눈이 즐겁고 귀가 편안해지는 영화 음악을 소개한다. 아이들이 따라 하면서 영어의 감을 익히게 된다. 영상에 노래 가사가 나오니, 엄마도 가사를 보며 따라 해보자. 뭐든지 엄마 아빠와 함께 하기를 좋아하는 우리 아이들. 엄마가 같이 부르면 더욱 즐기게 된다. 노래가 진행됨에 따라 노랫말 자막의 색깔이 바뀌거나 단어가 등장하므로, 그걸 보며 따라 부를 수 있다.

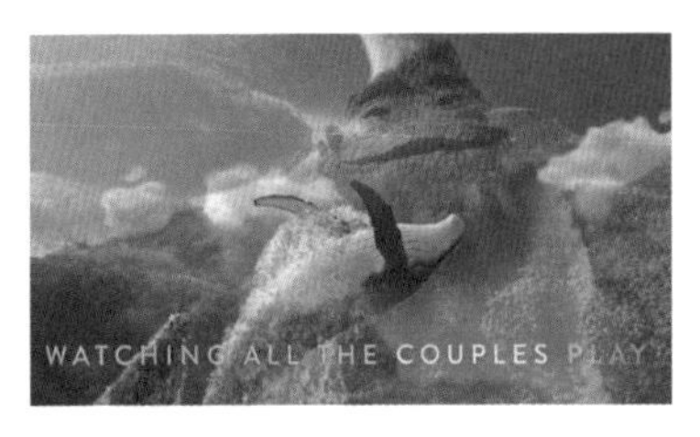

〈Lava〉

영화 〈Lava〉 주제곡

〈Everything is Honey〉

영화 〈Winnie the Pooh〉 삽입곡

〈Let It Go〉

영화 〈Frozen〉 주제곡

〈How Far I'll Go〉

영화 〈Moana〉 주제곡

〈I See the Light〉

영화 〈Rapunzel〉 삽입곡

〈I've Got a Dream〉

영화 〈Rapunzel〉 주제곡

〈Colors of the Wind〉

영화 〈Pocahontas〉 주제곡

〈Poor Unfortunate Souls〉

영화 〈The Little Mermaid〉 주제곡

〈I Wonder〉

영화 〈Sleeping Beauty〉 주제곡

Epilogue

큰 열매를 맺는 꽃은 천천히 핀다

모든 것을 주관하시고 권능으로 이끄시는 하나님 아버지께 모든 영광을 돌립니다.

대나무는 3~4년간 땅속에서 자랄 준비만 합니다. 그리고 땅 위로 싹이 튼 순간부터 열흘 정도가 지나면 하루 만에 길이가 수십 센티미터에서 1미터가 넘게 자랍니다. '무심코 대나무 싹에 모자를 걸어 놓으면 하루가 지나면 다시 취할 수가 없다'는 말이 있을 정도지요. 다 자란 대나무는 키가 20미터에서 40미터에 이르는 것도 있습니다. 오랜 기간 땅 속에서 자랄 준비를 했기에 쑥쑥 성장할 수 있는 것입니다.

아이들마다 성장 속도가 다릅니다. 처음 늦는 것처럼 보이는 아이들이 나중에 더 빠르게 성장할 수 있습니다. 아이에게 시간을 주세요. 실수할 기회를 주세요. 기다려 주세요. 익숙해진 시간과 반복된 경험을 양분으로 아이는 쑥쑥 자라납니다.

그저 기다리며, 엄마가 편하고 아이도 즐겁게 영어가 몸에 배어, 마법처럼 영어를 자유자재로 가지고 놀기를 기대합니다.

The more that you READ, the more things you will KNOW.
더 많이 읽을수록, 더 많이 알게 되고

The more that you LEARN, the more places you will Go!
더 많이 배울수록, 더 많은 곳에 갈 수 있다.

_By 닥터 수스Dr.Seuss

하고 싶은 일을 즐기며, 자유롭게 세계를 누리는 우리 아이들을 꿈꾸며!

우리아이 첫영어 지금 시작합니다

초판 1쇄 인쇄 2019년 12월 2일 **초판 1쇄 발행** 2019년 12월 12일

지은이 정인아
펴낸이 연준혁

출판1본부 이사 배민수
출판1분사 분사장 한수미
기획실 박경아

펴낸곳 (주)위즈덤하우스 미디어그룹 출판등록 2000년 5월 23일 제13-1071호
주소 경기도 고양시 일산동구 정발산로 43-20 센트럴프라자 6층
전화 031)936-4000 **팩스** 031)903-3893 **홈페이지** www.wisdomhouse.co.kr

값 13,800원
ISBN 979-11-90427-44-9 13590

이 도서의 국립중앙도서관 출판예정도서목록(CIP)은 서지정보유통지원시스템 홈페이지(http://seoji.nl.go.kr)와 국가자료종합목록 구축시스템(http://kolis-net.nl.go.kr)에서 이용하실 수 있습니다.
(CIP제어번호 : CIP2019048343)